ダマして生きのびる　虫の擬態

海野和男
［写真と文］

草思社

ダマして生きのびる 虫の擬態

もくじ

マレーヒラタツユムシ／マレーシア

人の目、鳥の目、ダマす虫 はじめに

昆虫の擬態を見るたびに、ぼくは自然の不思議さにあらためて心を打たれる。なんとうまくできていることだろうか。

木の葉にそっくりなコノハムシ、どうしてその色、形、模様ができたのだろう？コノハムシ以外にもキリギリスやバッタには植物の葉にそっくりな者が多い。しかも枯れ葉や枯れかけた葉があれば、それを真似する昆虫がいる。

木の幹に溶け込むガやキリギリス。大きなものに小さな昆虫が形を似せることは難しいだろう。それなら、その模様を身につけて木の幹に溶け込んでしまえばよい。地面に溶け込む昆虫も同じである。

擬態している昆虫は凝り性である。何もそこまでしなくても良いだろうと思うほど細部にまでその擬態は行き届いている。日本のムラサキシャチホコはまるで絵描きが丸まった葉をキャンバスに描いたようなだまし絵を作る（→24、25頁）。しかもそれが目立つように必ず葉の表にとまる。まるで虫自身が自分の姿をわかっているような生態を持っているのだ。

擬態する昆虫を見ていつも思うのは、その隠れ方が、我々人間がこうしたら隠れられると考える考え方への、あまりの類似である。人間も自分の身を守る必要に駆られた時は隠れたり、どうやったら目立たないようにできるかを考える。戦争では迷彩服を着たり、葉のついた木の枝を身にまとったりする。枯れ葉によく似たカレハカマキリの仲間は脅かすと、居直るように翅を広げ、普段は見せない目立つ模様の後翅を見せて、体を大きく見せようとする。これは威嚇である。人間もまったく同じで、わざと目立つ格好をしたり、強そうな格好をしたりする。

威嚇はしばしば、こけおどしになり、捕食者に食べられてしまうことも多いが、本当の強者はわざと自分が強いことを誇示する。こ

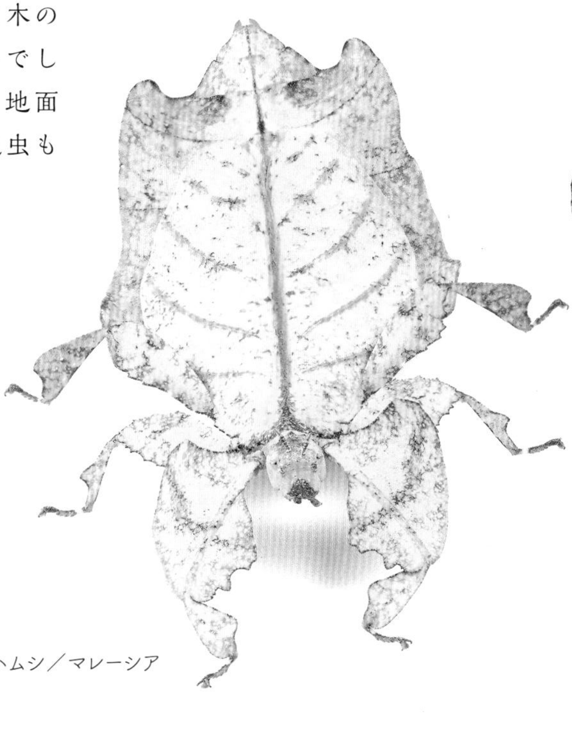

オオコノハムシ／マレーシア

オオコノハムシ／マレーシア

オオコノハムシ／マレーシア

れとて威嚇と大差はないが、毒がある昆虫は、目立つ色や模様で、毒があることを誇示するのである。すると無毒な昆虫のなかにそれを真似した「そっくりさん」が出てくる。

人間世界でも「虎の威を借る狐」という言葉があるように、同様な行動が見られるのだ。

ダーウィンの自然淘汰という進化論の考え方では、生き残った個体がもつ有利な形質が子孫に遺伝し、さらに有利な形質が残されていくという。その進化理論のお手本のような擬態現象であるが、生存に有利な形質が遺伝していくのは納得したとしても、どうしてそんなにも似た者が生まれてくるのかという答えにはなっていない。昆虫たちはどのようにして、擬態を進化させてきたのだろうか。

昆虫たちが意志を持って擬態を発展させてきたと考えたくもなる。しかし昆虫は自分の姿を見ることはできないだろう。それなのに、どうしてという疑問がわいてくる。昆虫が身を守りたいのは捕食者からである。人間も虫を食べる人はいるけれど、主たる敵は鳥、トカゲ、カエルなどである。そのなかで優れた視覚をもち擬態の効果があるのは鳥である。つまり昆虫の擬態や威嚇は鳥に向けて開発されたものなのだ。それでは鳥には昆虫はどのように見えているのだろうか？

鳥の目は、人の目とよく似ている。というか人の目が鳥の目に近いのかもしれない。鳥は人以上に色覚が発達し、視力も良い。もちろん、色が人間と同じに見えているわけではないが、おおむね人は鳥に近い視覚を持っていると考えても良いだろう。

捕食される側の昆虫は、世界がどのように見えているのだろうか。昆虫も昼間活動する種は視覚がある程度発達している。しかし、人と同じぐらいかと言えば、複眼という目の構造上、視力は弱い。けれどたくさんの個眼の集まりである複眼は、動体視力には優れていると思われる。もっとも動体視力が優れているのはトンボの仲間だろう。けれど、トンボに擬態の名人はいない。

昆虫の中で、唯一色覚能力に優れているのはチョウとハチやアブであると考えられる。チョウは仲間同士のコミュニケーションに視覚を使う。同じチョウの仲間でも夜行性のガの仲間は色覚よりも匂い（嗅覚）を識別に使う。そして毒のある者に似る擬態はチョウがいちばんうまい。と言うより、舌を巻くくらい細部までこだわった模倣をする。それはチョウが視覚動物であることに関係しているのではと、ぼくは考えている。

ともかくも擬態を考える上で、人、鳥、虫の3者の関係を考えることはとても重要なことだ

この本で紹介するのは昆虫（一部はクモ類）が見せる擬態と隠蔽の姿だ。いずれも何かの姿に「化けて」誰かをだます行動だ。誰かをだますことで、擬態や隠蔽をする虫自身が得をしているように考えられるため、古くから生物学では擬態や隠蔽（カムフラージュ）について研究が行われてきた。植物の葉や枝に似た擬態は、18世紀から人々の注目を集めて

マルムネカレハカマキリ／マレーシア

マレーヒラタツユムシ／マレーシア

ヒラタツユムシの一種／マレーシア

きた（→54〜77頁）。

19世紀中頃にはイギリスの博物学者ベイツ（H. W. Bates）が南米での長期にわたる標本蒐集と観察から、毒のある蝶に毒の無い蝶が似ていることを発見し、ベイツ型擬態と呼ばれるようになった（→78〜96頁）。その後ドイツの博物学者ミュラー（Johann Friedrich Theodor Müller）は、タテハチョウ科のドクチョウ類が、産地によって、色や模様を変え、近い仲間のドクチョウもある地域では皆、似てくる現象を発見した。毒のある者がたくさんいるように見せるので、捕食者がドクチョウに毒があることを知る可能性が高くなるので、これも擬態現象であると提唱し、毒のある者同士が似ることはミュラー型擬態（→84〜91頁）と呼ばれるようになった。

ぼくの擬態への興味は、50年ほど前に、熱帯アジアでベイツ型の蝶の擬態を見たり、コノハムシの標本を見たことからはじまっている。実際に昆虫の擬態に接すれば、だれでもその不思議さの虜になってしまうと思う。その頃大学のゼミで

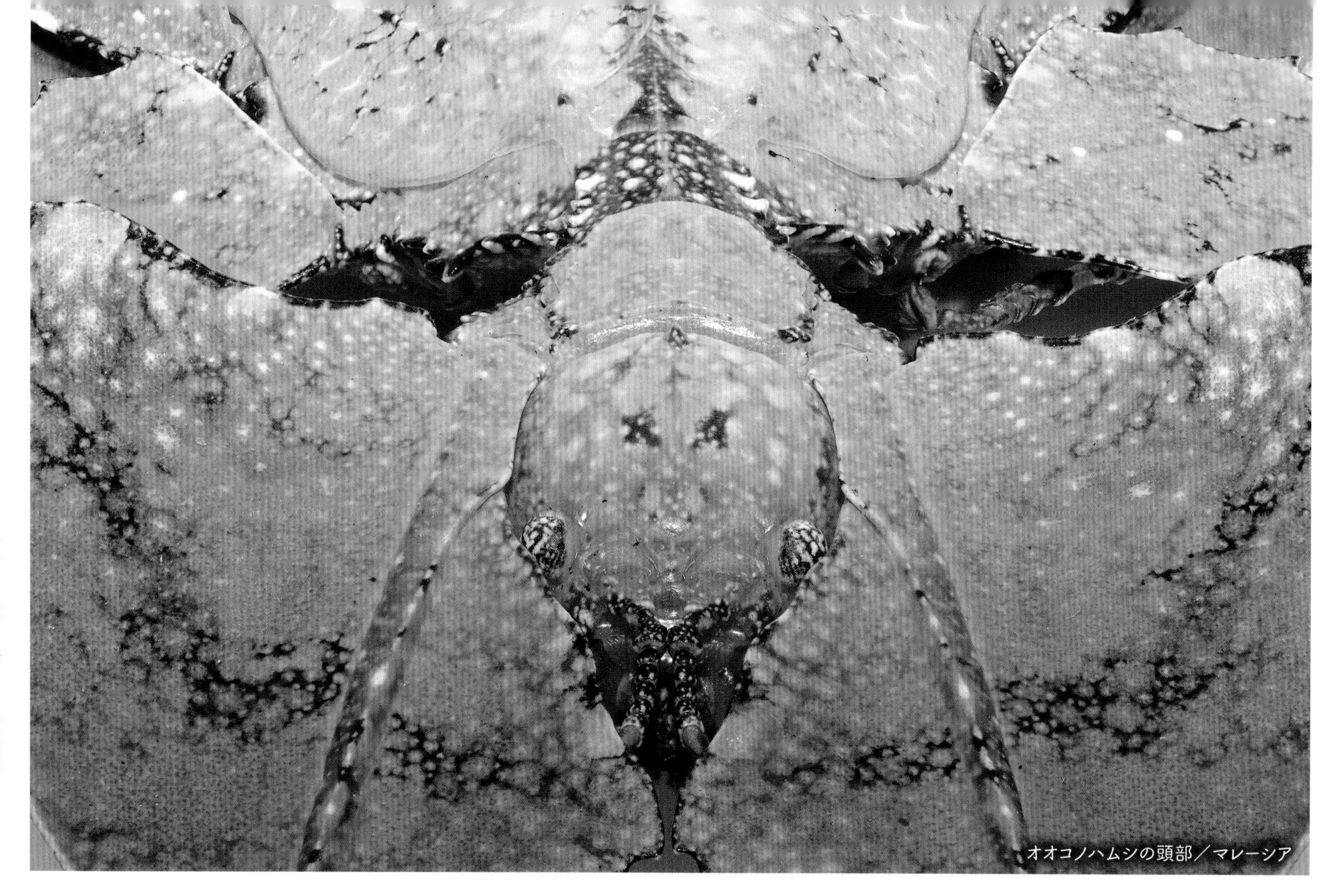
オオコノハムシの頭部／マレーシア

ヒュー・コット（Hugh Cott）とジュリアン・ハクスリー（Julian Sorell Huxley）の『Adaptive Coloration in Animals（動物における適応的色彩）』（1940）を読み、擬態を一生のテーマにしようと思った。

2021年に伊丹市昆虫館で擬態のオンライン講演会を行ったが、わかりやすいと大変好評だった。講演を元にわかりやすい擬態の本を作れば擬態をもっと世の中に知ってもらうことができるのではないかと考え、本書をまとめることにした。

日本や世界中のフィールドで50年以上かけて観察、撮影してきた昆虫の擬態の写真を見ながら、細かい理論よりも、実際に生きている昆虫の姿や行動をやさしい言葉で紹介した。

なんだか不思議な姿をした昆虫がいるなと思ったら擬態を疑い、それが何の真似をして、どんな得があるのか。また誰がだまされているのかを考えてみるのは面白い。この３者の関係に気づけることが、生物進化が起こした「自然のだましあい」という面白さを体験する醍醐味だ。

1 よくある物にまぎれる　植物のカタチを真似ろ

熱帯雨林や、温帯の森といった自然界のなかでいちばん多いものは、植物の緑色をした葉っぱではないでしょうか。ですから葉に擬態する虫は、たくさんいます。

葉っぱにいちばん上手に擬態するのはコノハムシでしょう。このナナフシに近い昆虫は擬態の説明では必ず紹介される有名な虫です。

バッタやキリギリスの仲間（直翅目）も葉っぱによく擬態しています。バッタやキリギリスは翅を支える翅脈が、もともと葉の葉脈によく似ています。だから緑色になれば元気な葉っぱに、茶色くなれば枯葉に似ているのです。

またシャクトリムシやナナフシは枝に上手に化けています。

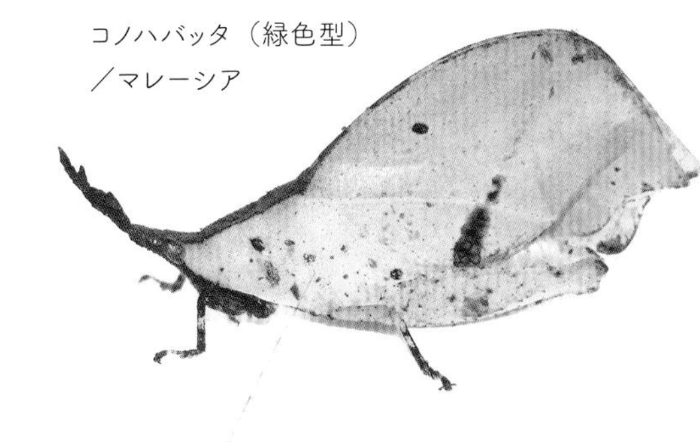

コノハバッタ（緑色型）／マレーシア

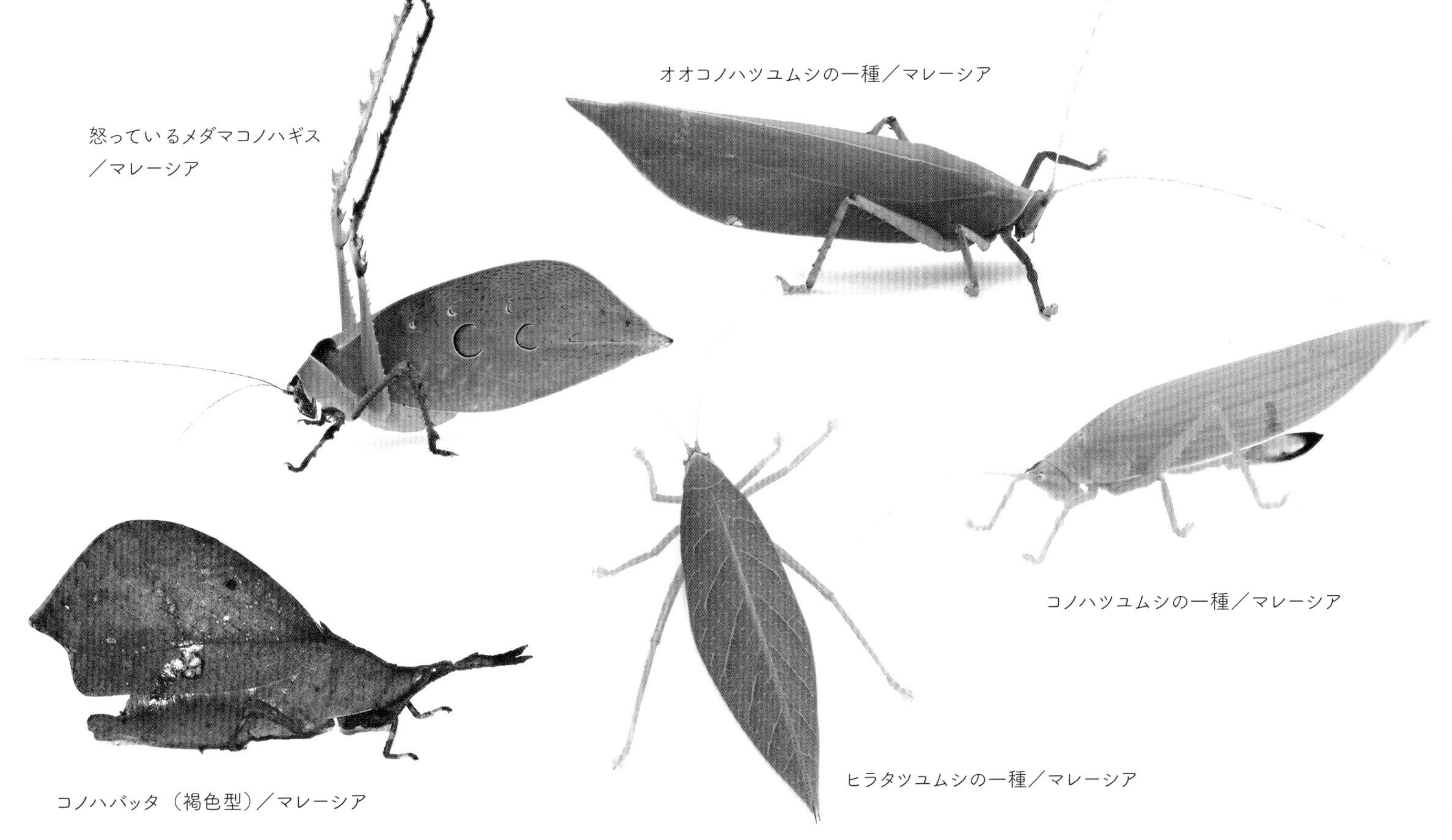

オオコノハツユムシの一種／マレーシア

怒っているメダマコノハギス／マレーシア

コノハツユムシの一種／マレーシア

ヒラタツユムシの一種／マレーシア

コノハバッタ（褐色型）／マレーシア

コノハムシ

擬態といえばコノハムシというくらい有名な昆虫です。名前のとおり木の葉にそっくりの姿をしています。

コノハムシの仲間は、熱帯アジアを中心としてマダガスカルからパプア・ニューギニアのジャングルに広く分布していて、約20種ほどが知られています。

草食性で、メスは前翅が木の葉のようになっており、翅脈も葉脈にそっくり、腹部や脚も平たく、木の葉に擬態しています。

一方、オス（→12頁）は細長い体型で、腹部のほとんどが露出している

オオコノハムシのメス／マレーシア

ため木の葉に似ていませんが、後翅が発達していて飛ぶことができます。緑色の者が多いのですが、黄色や茶色の個体も見られます。

マレーシアに住んでいるオオコノハムシは、マメ科のクラ（ロングリーフ）という植物の葉を食べて育ちます。この虫を探すときは、この植物を探せばよいわけです。マメ科の木なので豆がなります。

コノハムシは、この木の葉の裏側にとまっている姿をよく見かけます。どこから見ても木の葉みたいです。

おまけに個体ごとに、色もさまざまで、緑色の者もいますし、茶色が混じって、少し枯れているように見えることもあります。まるで虫食いの葉のように見えることもあります。ひと口に葉っぱといってもいろいろな状態のものがあります。コノハムシのほうも、同じ種でもこのようにいろいろな姿をして葉に化けています。くり返しになりますが、全身が緑色をした者もいる一方で、緑色と茶色が混じった者が多い。その混じり方にもいろいろあります。いろいろな葉っぱがあるので、いろいろな体色のコノハムシがいるということなんです。

オオコノハムシ *Phyllium giganteum*
ナナフシ目コノハムシ科。コノハムシの仲間の最大種。同じ種でもさまざま体色をした者がいる。写真はすべてメス。

ビオクラツムコノハムシ

別の種のビオクラツムコノハムシもさまざまな色をした者がいます。右の写真は幼虫です。これら（→↓）は背中側から見ていますが、実際には葉の裏に反り返るようにしてとまっていることが多いです。

つまりお腹側を見せている状態です。右ページの写真でコノハムシがどこにいるか見つけられるでしょうか？　葉の表は葉脈よりも、テカテカした平滑なようすが目立ちます。コノハムシも腹側のテカテカした面を目立たせています（右頁）。

翅の生える前の幼虫を背面から見たところ／マレーシア

背面から見たところ／マレーシア

腹面から見たところ／マレーシア

野生のマンゴーにコノハムシがとまっていることも多いのですが、葉脈が目立つのは葉の裏側です。ここに葉裏のような模様をしたコノハムシがとまっていると葉脈が目立つようで、みごとに隠れています（↑）。ところがこのマンゴーの葉の表側は緑色をしています。さきほど裏側から見た茶色いコノハムシを表から見ると、腹面の方は葉の色に合わせてちゃんと緑色になっているんです。これは私にはよくわからないのですが、コノハムシの色や姿は遺伝的に決まってくるのだと思いますが、もしかしたら食物にも影響をうけて姿が変化しているのかもしれませんね。これからの研究に期待したいです。

葉の表面がテカテカした違う食草にビオクラツムコノハムシがとまっています。このコノハムシはお腹の側は葉のようにテカテカしています。どこにコノハムシがいるかわかりますか？　コノハムシはちょっと反り返るみたいにして、お腹を見せています。／マレーシア

コノハムシのオス

このような葉への擬態をしているのはメスだけです。右はオオコノハムシのオスです。どのコノハムシもオスは腹部も細く、全体にスマートな姿をしています。腹部の上の小さな前翅の下には大きな透明な後翅をそなえ、ウスバカゲロウのように飛ぶことができます（↘）。いっぽう木の葉に上手に擬態しているメスは飛ぶことができません。オスとメスが出会い交尾をするためには、オスがメスのところに飛んでいかなくてはなりません。実はコノハムシはメスだけでも卵を産み、子孫を残すことができます。これを「単為発生（たんいはっせい）」といいますが、これはいわばクローンで、遺伝子に多様性が生まれません。進化の袋小路に入ってしまうため、別個体のオスの遺伝子を得ることで、進化の可能性を残しているのです。

オオコノハムシのオス／マレーシア

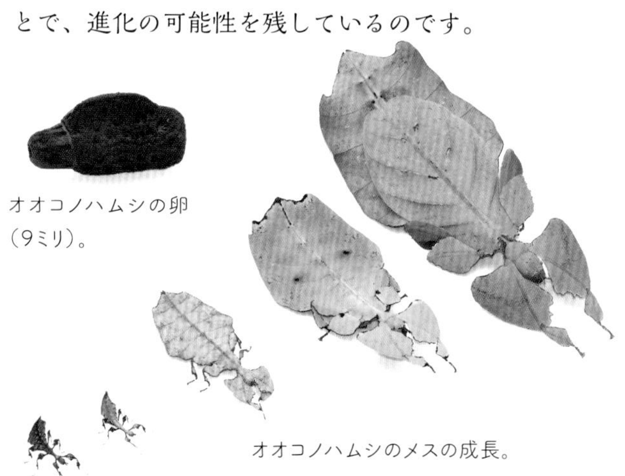
オオコノハムシの卵（9ミリ）。

オオコノハムシのメスの成長。

ビオクラツムコノハムシのオスの飛翔。メスと違い飛べる。

光を操るコノハムシ

　オオコノハムシはお腹側を上に向けてとまっていることが多く、みごとに葉っぱの姿に化けています。ところが反対に、背中側を上にして光があたると、腹の中央にある内臓の影が見えてしまいます。光のあたる方向で影が見えたり、消えたりするなんて不思議だと思いませんか？

　コノハムシの葉のように見える下半身は前翅に覆われていますが、その下にはもっと幅の広い腹が広がっています。しかし内臓が詰まっている本当の腹部は中央だけです。

　コノハムシの前翅をめくってみると、その下にある腹の背中側は白くなっています（↘）。また翅の裏側も白くなっています。ここに秘密が隠れています。コノハムシが腹を上にしていると、太陽の光が翅の裏で反射し、その光は腹の背中側でも反射します。つまり乱反射がおこり、腹の影をぼかしてしまいます。このような光の特性を利用して、コノハムシは腹部の影を消して葉そのものの輪郭だけを目立たせることに成功しているのです。

コノハムシの動画

オオコノハムシを腹面に光をあてて背面から見た状態。葉脈のような模様もくっきり見えて一枚の葉のように見える。／マレーシア

オオコノハムシを背面から光をあてて腹面から見た状態。中心に腹部の影が見えてしまう。また上の状態では消えていた翅の輪郭もうっすらと見えている。／マレーシア

前翅
腹部

翅を持ちあげ、腹部背面を見たところ。翅の裏側が白く、腹部背面も白くなっている。腹面から光を受けると腹部の薄い膜の部分を透過した光は、翅の裏で反射する。この光が腹部背面の白い部分にあたって乱反射をして腹部の影をみごとに消してしまう。

虫喰いまで真似をする

緑色をした葉っぱは、自然の中でいちばんたくさんある物です。葉に擬態する虫が多い理由もここにあります。これはコスタリカで撮影したツユムシの仲間です。葉に虫喰いがあるような姿をしています。どこにいるかわかりますか？

脚を伸ばしてとまっていますが、枝が引っかかっているようにも見えます。実際に虫が隠れるときには、脚や触角を隠すのが難しいようです。脚も触角もけっこう動いてしまうので目立ち、葉に化けても虫であることがばれてしまいます。隠れているとき脚や触角をどう隠すかがポイントなのです。

このツユムシの場合は、脚が枝に引っかかっているように見せて、触角は前に伸ばして２本をくっつけています。これなら目立ちません。

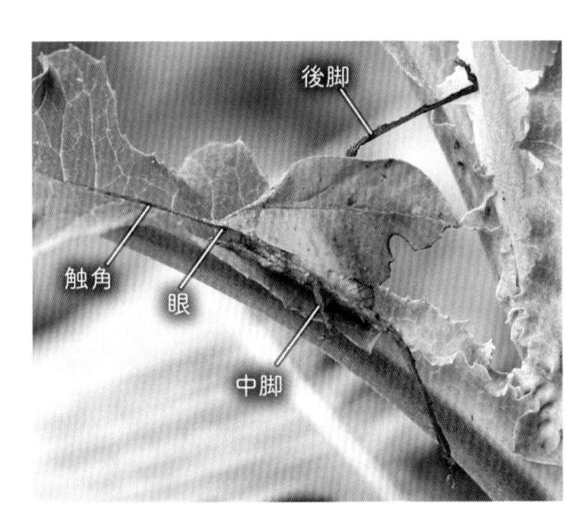

ムシクイコノハツユムシ／コスタリカ

とまれば葉に化ける

　これは沖縄のコノハチョウです（→）。イギリスの博物学者ウォレスは擬態の紹介者として有名ですが、コノハチョウも彼が世界に擬態の存在を知らしめた虫のひとつです。発表当時（↙）は上を向いてとまっていて、後翅の後端が葉柄のように見えると解説されていました。しかし実際には頭を下にしてとまっていることが多いようです。寝ているときは垂直の枝に頭を下に向けてとまっています。右頁のように水平の枝では下を向いてとまると横の枝についた葉っぱのようで擬態として優秀です。

ムラサキコノハチョウの羽化

ムラサキコノハチョウの飛翔

ムラサキコノハチョウの背面／マレーシア
隠れているときは地味でも翅を広げると派手な色で敵を驚かす効果もある。

（↙）ウォレスが著書で紹介したコノハチョウの図。上を向いて垂直にとまっている。

水平の枝に逆さまにとまるコノハチョウ／日本

葉っぱは、さまざま

自然界にある葉は、さまざまな色や模様をしています。そして葉は枯れます。枯れかけた葉もあるし、黄色く枯れる葉も、茶色に枯れる葉もあります。

だから葉に似た虫はさまざまな色や模様をしています。似た色の葉にとまればうまく隠れられますが、必ずしも似た色の葉にとまっているとは限りません。

葉に似た虫は日本にも海外にもいます。特に熱帯雨林では葉は常に更新されているので、どの季節に行っても緑色の葉もあるし、枯れかけた葉もあります。だから虫たちにもいろいろな色の者がいるのです。

コノハツユムシの一種／カメルーン

ヒラタツユムシの一種／マレーシア

ビコルダータカレハツユムシ／パナマ

カレハガ／日本

ブルネアナコノハツユムシ／マレーシア

木の葉が、木の葉を食べる

これはマレーシアのコノハバッタです。オンブバッタに近い仲間で、翅が大きく葉っぱみたいに見えます。翅を使って空を飛ぶのは得意ではありません。

写真は葉っぱを食べているところです（↓）。バッタですから葉を食べるのあたりまえですが、葉っぱに擬態したバッタが葉を食べています。

この虫にはこのように茶色の者（↓）もいます。基本的にキリギリスやバッタの仲間は緑色の型と茶色の型があります。日本でもショウリョウバッタなどを観察してみれば、緑色だったり茶色だったり、その中間だったりする個体を見つけることができるはずです。葉っぱには緑色、茶色、そしてその中間的な色のものがありますから、それらの色に似ていれば隠れることができるわけです。

コノハバッタ（緑色型）／マレーシア

コノハバッタ（褐色型）／マレーシア

木の葉の造形には前胸が大切

マレーシアのカレハバッタは、胸の背（前胸背）の部分が異常に大きくなっていて、体が枯れ葉のように見えます。昆虫の体は頭、胸、腹の３つの部分に分かれていますが、胸はさらに前胸、中胸、後胸の３つに別れています。３つそれぞれの胸の腹側には、脚が１対（２本）つき、計６本を持ちます。また中胸と後胸の背中側には１対（２枚）ずつ翅がつき、虫は計４枚の翅を持ちます。つまり前胸の背中側だけが「空いて」います。この前胸背の部分は、いろいろな昆虫で特徴的に使われています。

カレハバッタだけでなく身近にはカブトムシやツノゼミの仲間がいます。ヘラクレスオオカブトの角なんかもすごいですね。形態には前胸、運動には中胸と後胸が上手に利用されているんです。

カレハバッタ／マレーシア

平たくなって葉に化ける

ヒラタツユムシの仲間は、ふだんは普通のツユムシのような姿で生活しています（→）が、休むときは葉の裏側に隠れます。葉の裏にやってきてしばらくすると、翅をひろげて平べったくなります（↘）。そして開いた翅の下に脚を隠します。これでもう葉っぱと一体になってしまうわけです。

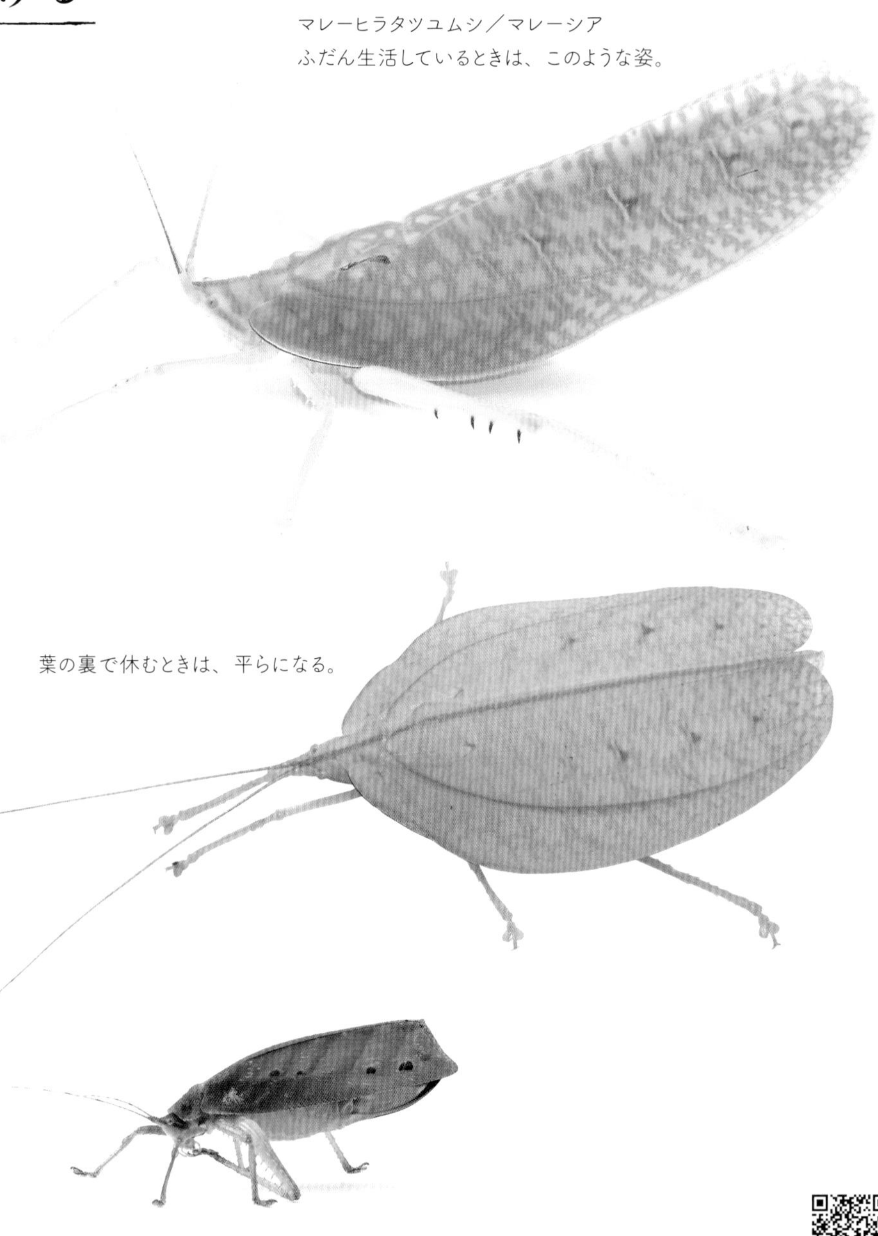

マレーヒラタツユムシ／マレーシア
ふだん生活しているときは、このような姿。

葉の裏で休むときは、平らになる。

ヒラタツユムシの一種／マレーシア

ヒラタツユムシの動画

葉の裏に平たくなって隠れるマレーヒラタツユムシ／マレーシア

錯覚で立体を演出する

ムラサキシャチホコの動画

日本一すごい擬態の巧者と思うのがムラサキシャチホコだと思います（→）。長野県や東北地方には普通にいるガの仲間です。いるんですが、なかなか見つけにくい。とまるときは、必ず葉の上面にとまります。そうすると光が上からあたって丸まった枯れ葉のように見えます。実際には翅が丸まっているのではなくて、たんに前翅と胸の模様の陰影によって立体的に見えているんです。自然のだまし絵ですね。よくぞこんな者が生まれてきたのかと不思議に思います。

しかも、その模様の効果がはっきりするように光がよく当たる葉の上にとまるんです。なんで虫にそんなことがわかるのか不思議ですね。

実際の模様の翅。

模様を消した翅。

ムラサキシャチホコの翅を広げた標本の写真。上は、翅を閉じると右ページのように丸まった枯れ葉に見える模様です。下は実験的に、この模様を薄茶色に塗りつぶしてみました。こうすれば誰が見ても茶色のガにしか見えません。

ペルーで撮影したシャチホコガの一種です。これも翅がへこんで丸まったようで、翅の模様の黒い部分と薄い部分で立体的に見えます。

翅を閉じ頭を下にして休んでいるムラサキシャチホコ／日本

芽吹きに合わせて姿を変える

日本の虫ではカギシロスジアオシャクの幼虫の擬態がすごいです。これはシャクガの仲間の幼虫（シャクトリムシ）です。カギシロスジアオシャクは幼虫の状態で、食物であるコナラの木の上で冬を越します。そして、春になると植物の成長に合わせて姿を変えながら、葉を食べて成長し、蛹になって成虫のガになります。

このように食物のコナラの芽吹きと合わせて、体の色も変化させているカギシロスジアオシャクの幼虫の変身は擬態では有名な例なのですが、冬から春にかけて茶色から緑色に変わる虫は別にもいるはずです。もっと見つけて、その虫を有名にしてください。

①5月になって葉っぱが伸びた頃に脱皮をすると茶色い体に少し緑色が出てきます。この写真は脱皮の直前のものです。

カギシロスジアオシャクの成虫。

②脱皮をすると緑の部分が増えてきます。しかし尻のところは茶色をしていてとまっていると木の芽のように見えます。

③さらに1週間ほどするとコナラの葉は緑のギザギザしたような姿になります。木の枝にとまる尻の方は茶色をしていて、上手に隠れています。

おとりを作って身を隠す

ミスジチョウの仲間、ホシミスジが蛹になったところです（→）。蛹が枯れ葉に似ています。

蛹になる直前、幼虫は自分でまわりの葉っぱを齧って枯らしたおとりを用意してから、その隣で蛹に変身します。これでうまく姿を隠しているわけです。

右ページは、スミナガシというチョウの幼虫です。どれが幼虫かわかりますか？　幼虫の隣にある２つのものは、自分で葉を噛み砕いて枯らしておいたものです。そのおとりに混じって自分がいるわけです。

ホシミスジの蛹。枯れ葉でおとりを作ってある。／日本

ホシミスジは幼虫もかくれんぼの名手。

ホシミスジの成虫／日本

スミナガシの成虫／日本

枯れ葉か虫のようなものがぶら下がっていますが、右側で頭を右にして逆さまに反り返っているのが幼虫です。それ以外は幼虫が葉を噛み切って、ぶら下げ、自分の姿を目立たなくしている「おとり」です。

枯れ葉に化ける

ヒシムネカレハカマキリの動画

マレーシアには枯れ葉にそっくりのカレハカマキリの仲間がいます。枯れ葉に似て何をしているのかというと、姿を隠して獲物を捕らえたり、身を守ったりするわけです。何種類かがいるのですがこれはヒシムネカレハカマキリです（↓）。この虫もコノハムシのように、おなじ種でもいろいろな色をした者がいます。

こんなふうにメスが卵（卵鞘）を守ることも知られています。自分が枝に産んだ卵に覆い被さるようにして保護しています。右ページは幼虫です。どこにいるかわかりますか？　お腹を反り返らせて葉にとまっている姿は枯れ葉そのもので、どこにいるのか見つけにくいです。

ヒシムネカレハカマキリのメス。自分が枝に産んだ卵に覆い被さるようにして保護しています。これはどのカレハカマキリも同じことをするようです。卵を枯れ葉で隠しているということでしょうか。

ヒシムネカレハカマキリの若虫。こちらを見ています。枯れ葉に擬態して何をしているのかというと、鳥から身を守りつつ、姿を隠して獲物の虫を捕らえたりするわけです。

枯れ葉もいろいろ

カレハカマキリと言っても、いろいろな種がいるんです。そして同じ種でも体色はさまざまです。枯れ葉にもいろいろな色があるから、どの色になっても隠れる能力には差がなかったのでしょう。

ヒシムネカレハカマキリがいちばん普通にいる種ですが、胸の部分がちょっとくびれているのもいます。ぼくはイカガタカレハカマキリなんて呼んでますが別種です（↓）。胸が広いムナビロカレハカマキリとかメダマカレハカマキリと呼ばれている者もいます（↘）。

メダマカレハカマキリというのは、怒らせると後翅を広げて目玉模様を見せるんです。

マルムネカレハカマキリは葉っぱをちょうど半分に切ったような形をしてます。これもいろいろな色があります。みんな同じ種で全部メスです。カレハカマキリの仲間はメスが葉っぱにより似ていて、オスは少し小さくて葉っぱに似ていますがメスほどではありません。葉に擬態している昆虫でオスとメスで差がある場合には、メスの方が葉に似ています。卵を産むメスは重要ですから，オスより擬態が上手になったのでしょう。

ヒシムネカレハカマキリ／マレーシア

ヒシムネカレハカマキリ／マレーシア

イカガタカレハカマキリ／マレーシア

メダマカレハカマキリ／マレーシア

マルムネカレハカマキリ／マレーシア

マルムネカレハカマキリ
／マレーシア

マルムネカレハカマキリ
／マレーシア

枯れ葉を数える

この写真にカレハカマキリが何匹いるか数えてみてください。

実際には、こんなふうにたくさんのカマキリが一緒にいることはありません。この写真は、クイズを作るため、カマキリを捕まえてきて、そっと置いて撮影したものです。

ところがカマキリは生きていますから、どんどん動いていきます。10匹を置いたつもりなのですが、けっきょく逃げた者いるので写真には7匹が写っています。

隠れていて突然驚かす

前のページのカレハカマキリがたくさんいる写真を撮るとき、困ったことがありました。画面から出てしまったカマキリを元に戻そうとすると、カマキリは翅を開いて威嚇をするのです。その後、なかなか翅を閉じないので、かくれんぼの写真を撮る時には大変に困ります。

カレハカマキリは地面にいることもありますが、たいていは灌木の上などにいます。そういうときも触ると翅を開いて威嚇をします。すると普段は見えない後翅が見えます。そして体を揺すって相手を威嚇するのです。カマキリは小さいのですが翅を開くと大きく見えます。もしこのカマキリの大きさが50センチもあったら、とても恐いなと思います。

こうして相手を威嚇しても、相手が大きい鳥とかトカゲなら、まったく怯(ひる)まずにカマキリは食べられてしまいます。けれどスズメぐらいの大きさの小さい鳥ならば威嚇されたらばちょっと怯むのではないでしょうか。

かくれんぼの上手な虫たちの中には、カレハカマキリと同じように翅を開くと、普段は見えない目立つ模様を出す種類がたくさんいます。普段は隠れていて、いざというときは相手を脅すそういう戦法です。こういう行動が広く擬態昆虫に見られるということは、威嚇によって相手を怯ますことに、少しは効果があるということです。そうでなければ進化の過程でこういう行動の発現はおこらなかったのではないかと思います。

マルムネカレハカマキリ／マレーシア

メダマカレハカマキリと
ヒシムカレハカマキリの喧嘩の動画

マルムネカレハカマキリの動画

メダマカレハカマキリ／マレーシア

木の枝になる

ナナフシは日本にもいる昆虫です。右ページはマレーシアにいるカントリナナフシです。頭の前に前脚をそろえて伸ばし、中脚と後脚を広げて木にとまっています。このような姿でじっとしていると、節というか芽のような部分もあって枝そっくりに見えます。ナナフシにはいろいろな種がいて、P.41のグロボススカレエダナナフシは上から下まで縦に一本の棒のようにとまっています。

右の写真は日本のエダナナフシです(→)。ナナフシの仲間は前脚の付け根がへこんでいて、前脚をまっすぐ伸ばして、枝に同化するのです

エダナナフシ／日本

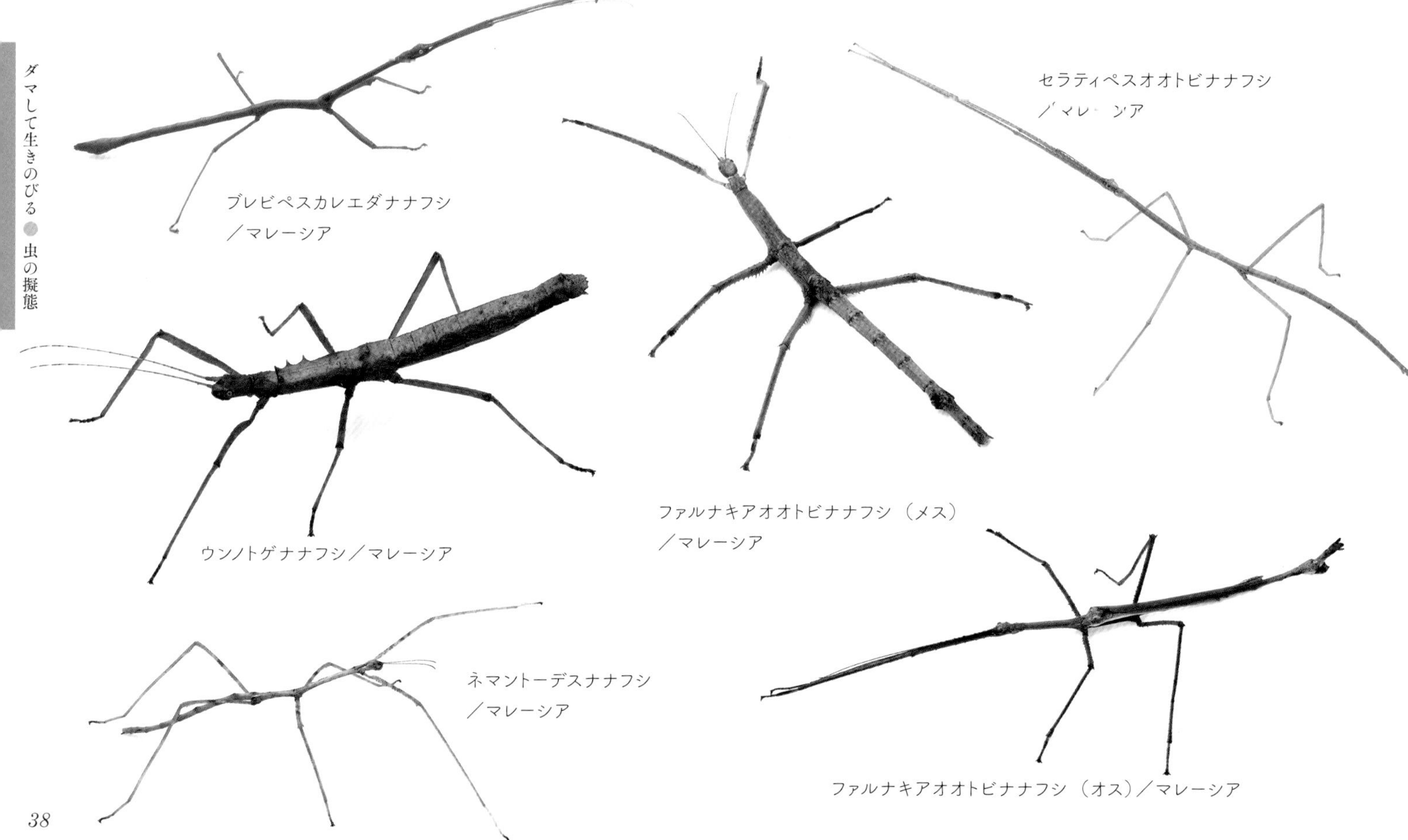

ブレビペスカレエダナナフシ／マレーシア

セラティペスオオトビナナフシ／マレーシア

ウンノトゲナナフシ／マレーシア

ファルナキアオオトビナナフシ（メス）／マレーシア

ネマントーデスナナフシ／マレーシア

ファルナキアオオトビナナフシ（オス）／マレーシア

カントリナナフシ。右向きにとまっている。／マレーシア

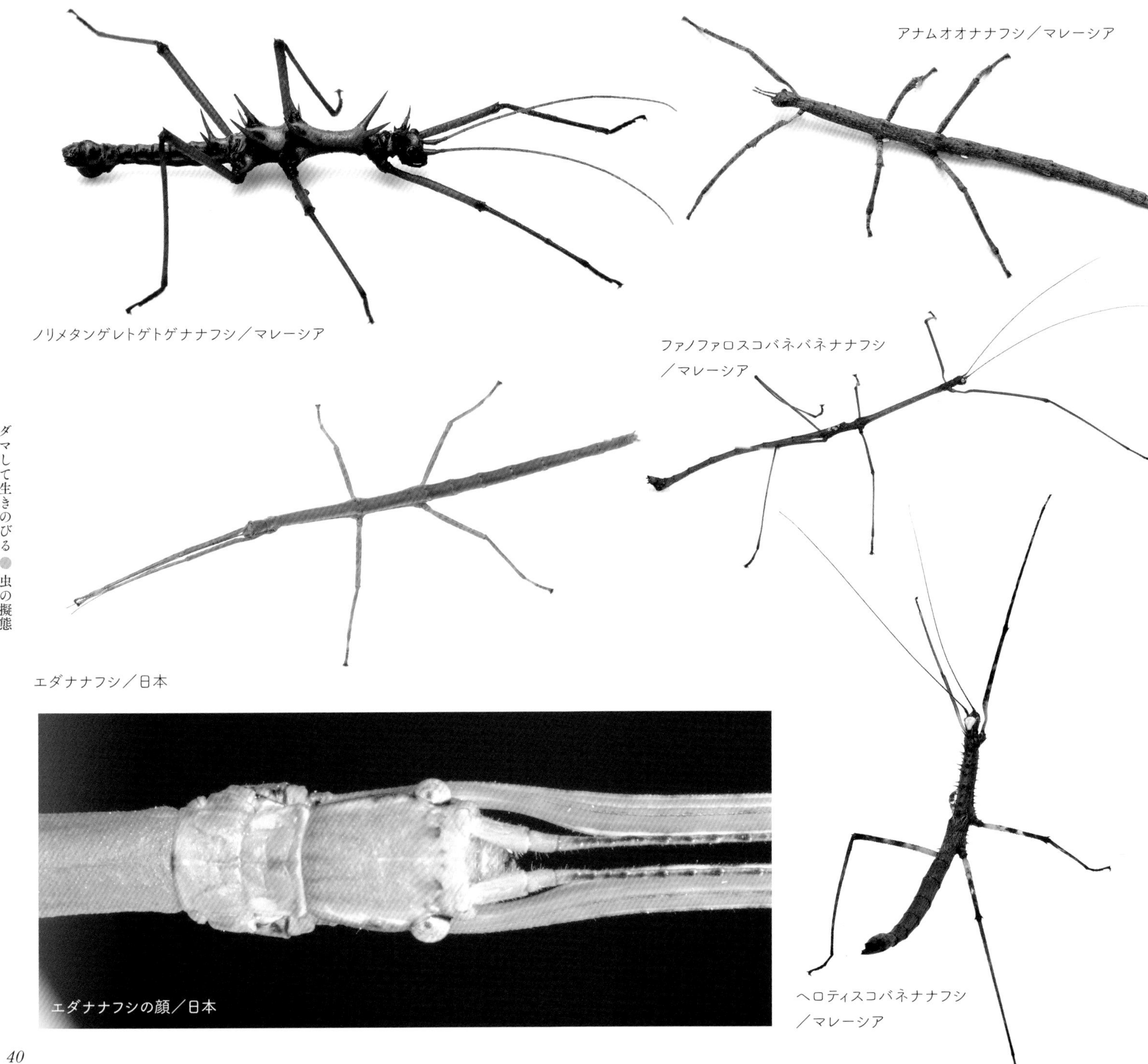

アナムオオナナフシ／マレーシア

ノリメタンゲレトゲトゲナナフシ／マレーシア

ファノファロスコバネバネナナフシ／マレーシア

エダナナフシ／日本

エダナナフシの顔／日本

ヘロティスコバネナナフシ／マレーシア

グロボススカレエダナナフシ／マレーシア

色や模様で驚かす

普段は体の見えない場所に派手な色や模様をつけていて、驚いたり触られたりしたときに、色や模様を目立たせる虫がいます。

写真はナナフシの仲間でマレーシアにいるタミリストビナナフシです（↓）。これを触ってみるとどうなるのか。派手な色をした翅を広げました（下）。捕食者であるトビトカゲに擬態しているとも言われます。

右の写真もやはりトビナナフシの一種でセンストビナナフシです（→）。これも触ってみましょう。はい、こんなふうになります（右頁）。

翅を閉じているセンストビナナフシ／マレーシア

翅を閉じ枝に擬態するタミリストビナナフシ／マレーシア

翅を開き威嚇するタミリストビナナフシ／マレーシア

翅を開いたセンストビナナフシ／マレーシア

バラの棘まで真似る

キエダシャクというガの仲間の幼虫（↓）です。日本でノイバラの葉を食べて育ちます。体にはノイバラの茎にある棘(とげ)のようなものがついているのが特徴です。右の写真には４匹がとまっています。

キエダシャクの幼虫／日本

ノイバラの枝にとまるキエダシャクの幼虫／日本

姿だけでなく匂いも擬態する

クワエダシャクもシャクガの幼虫、いわゆるシャクトリムシです。お尻にある腹脚（ふくきゃく）（尻側末端にある脚）で枝にとまって枝に擬態しています。よく見ると口から糸を出してとまっています。これは腹脚に特徴があるので、探すときは、ここに注目してみてください。

クワエダシャクは、冬のあいだは、わりと小さくて2センチくらいです。ガの幼虫ですから春になって葉が出てくると、これを食べて大きく成長します。クワエダシャクが木の枝に化けていると、それにアリも気がつきません。このクロオオアリは、普通は生きた幼虫などを見つけると餌にするために巣に運んでいきます。ですが、このアリがクワエダシャクに気がつかないということは、見た目だけでなく、匂いなど植物の枝に似せて気配を消していることになります。暗い巣穴に暮らすアリは、そもそも視覚よりも嗅覚にたよっている昆虫です。ですから、クワエダシャクはとてもすごいことをしています。

視覚ではなく、嗅覚にたよっているアリにも気づかれないクワエダシャクの幼虫。

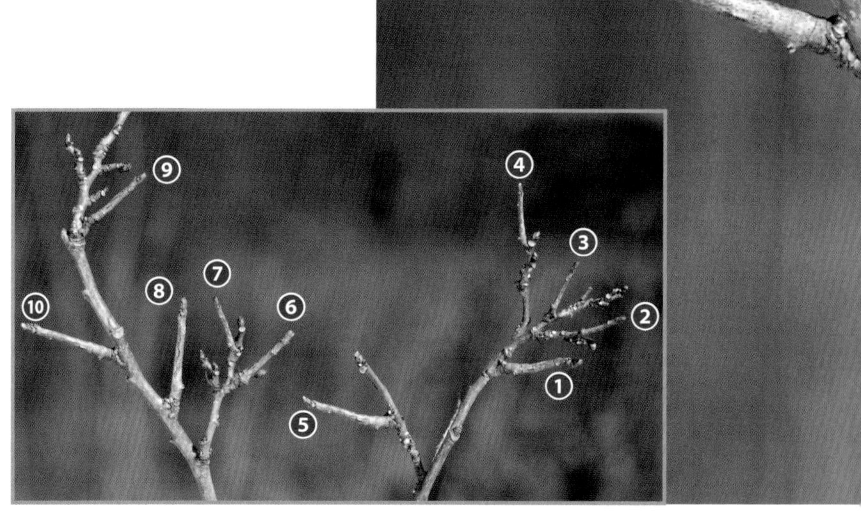

クワの木に擬態する10匹のクワエダシャクの幼虫／日本

擬態にはポーズも大切

擬態は姿や色だけではなく姿勢（ポーズ）も大切です。クワゴは、カイコの原種といわれるガの幼虫です。幼虫はクワ（桑）の葉を食べて育ちますが、普段とまっているときは、上半身を伸ばして枝のような姿でいます。怒らせると前から見たときに胸の眼状紋を誇示するようなことをしますが、普段はクワの枝でこのような姿勢（ポーズ）でとまっています。けっこう枝に似ていますね。

枝にとまるクワゴの幼虫／日本

胸部を膨らませて威嚇するクワゴの幼虫／日本

形も姿勢も枝になる

これはマレーシアで見つけたカレエダカマキリの仲間です。体全体も枯れ枝のようですが、お尻のところが枝を折ったような形になっています。すごい芸当をするものですね。

カレエダカマキリ／マレーシア

カレエダカマキリのお尻（尾部）／マレーシア

枝に擬態するアフリカエダカマキリ／マダガスカル

マレーシアで見つけたエダカマキリもその名のように枝に化ける昆虫です。カマキリの擬態は姿勢（ポーズ）が重要です。前脚を伸ばしてじっとしています。

翅の後ろの部分は枝の表面にぴったりつけて一体化して、枝の一部になりきっています。かくれんぼの上手な昆虫は、体の形や色だけでなく、とまっている場所の選択や、行動、姿勢（ポーズ）なども工夫しています。

枝に擬態するエダカマキリ／マレーシア

美しい花は殺し屋

ハチを捕える
ハナカマキリの動画

チョウを捕える
ハナカマキリの動画

花に化けているのがハナカマキリです。体色が白い者が多いですが、遺伝的にピンクの傾向が強い系統もあるようです。

ハナカマキリがじっとしていると、ハチやチョウが集まってきます。花に見えてしまうんですね。ハナカマキリはこれを捕まえて食べてしまう。悪い奴ですね。

あきらかにハチはハナカマキリの正面に寄ってきます。頭の尖った部分が花の蜜が出る部分に見えるのでしょうか？人間の目にはわかりませんが、この部分を紫外線で見ると、花の蜜標（みつひょう）（蜜のある印）のように見えます。蜜を吸う虫は、紫外線で蜜のある花を探しているんです。

ハナカマキリは花の蜜を集めるハチにとって怖い存在で、のどが渇いているときにやっと自動販売機を見つけて硬貨をいれたら、中から手が出てきて捕まって食べられてしまう、ということです。怖いですね。

ハナカマキリの正面に寄ってきたハリナシバチ／マレーシア

白い花に見えるハナカマキリ／マレーシア

ミツバチが寄ってきた／マレーシア

ウスキシロチョウを捉えた瞬間／マレーシア

ハナカマキリはトウヨウミツバチを集めるフェロモンを出しているという説もあるようです。けれどトウヨウミツバチだけでなく、いろいろなハチやチョウがハナカマキリに誘引されてきます。

ハイイロセダカモクメの幼虫。左上の花（花序）を食べたあとにとまっている。／日本

花を食べて花に化ける

ここにも虫がいます。どこにいるかわかりますか？

ハイイイロセダカモクメというガの幼虫です。幼虫の食べる植物、すなわち食草は身近なヨモギの花です。ヨモギは９月中旬以降、花が咲くとこの芋虫（幼虫）が出てきます。

この幼虫は花を食べます。葉っぱじゃなくて、花を食べたあとにとまっているというのがすごいですね。これはそんなに珍しい虫ではありません。それでも見つけるとなると至難の業です。ヨモギは普通に生えているのですが見つけるのは難しい。日本にも素晴らしい擬態の名人がいます。

ハイイロセダカモクメ／日本
鱗翅目ヤガ科。*Cucullia maculosa*　幼虫の体長（終齢・写真）5センチ　成虫の大きさ4センチ（開長）
南西諸島を除く日本各地に分布する。成虫のガが見られるのは8月から9月。

2 目立たないように生きる 背景に溶け込め

カムフラージュcamouflageとはフランス語で周囲に溶け込み相手から姿を消すことをいいます。周囲の模様に似せたり、輪郭を曖昧にすることで「姿を消す」ことができます。日本語では隠蔽(いんぺい)とも呼ばれます。ご存じのように人間も兵器などにカムフラージュを利用しています。虫もまったく同じように、樹皮の表面や、コケや地衣類が生えた木の幹、砂や小石の広がる地面に自分の姿を溶け込ませて姿を隠します。

自然の中で背景に溶け込むことが上手な昆虫でも、このページのように白い背景の上で見るとその姿がはっきり見えます。

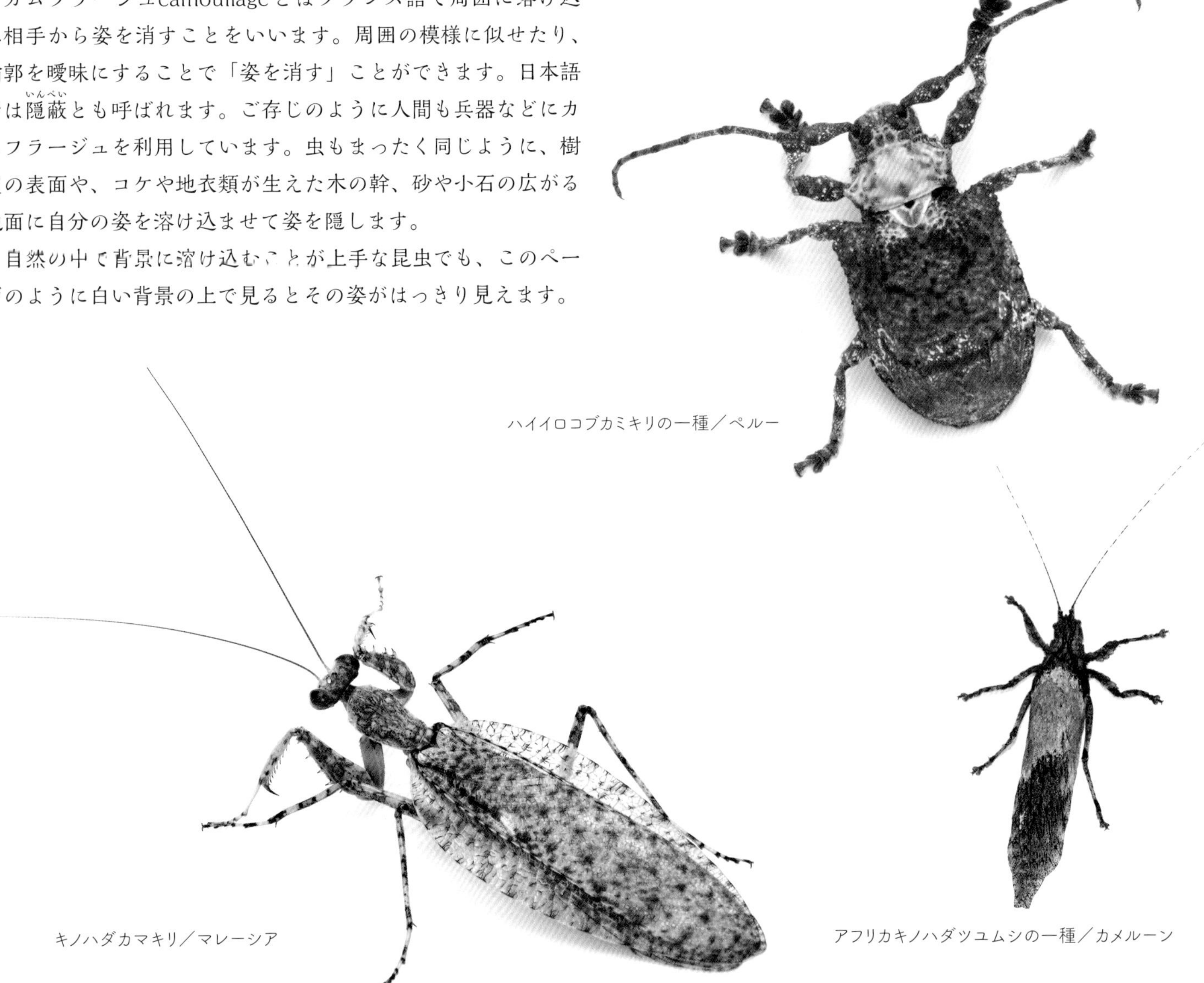

ハイイロコブカミキリの一種／ペルー

キノハダカマキリ／マレーシア

アフリカキノハダツユムシの一種／カメルーン

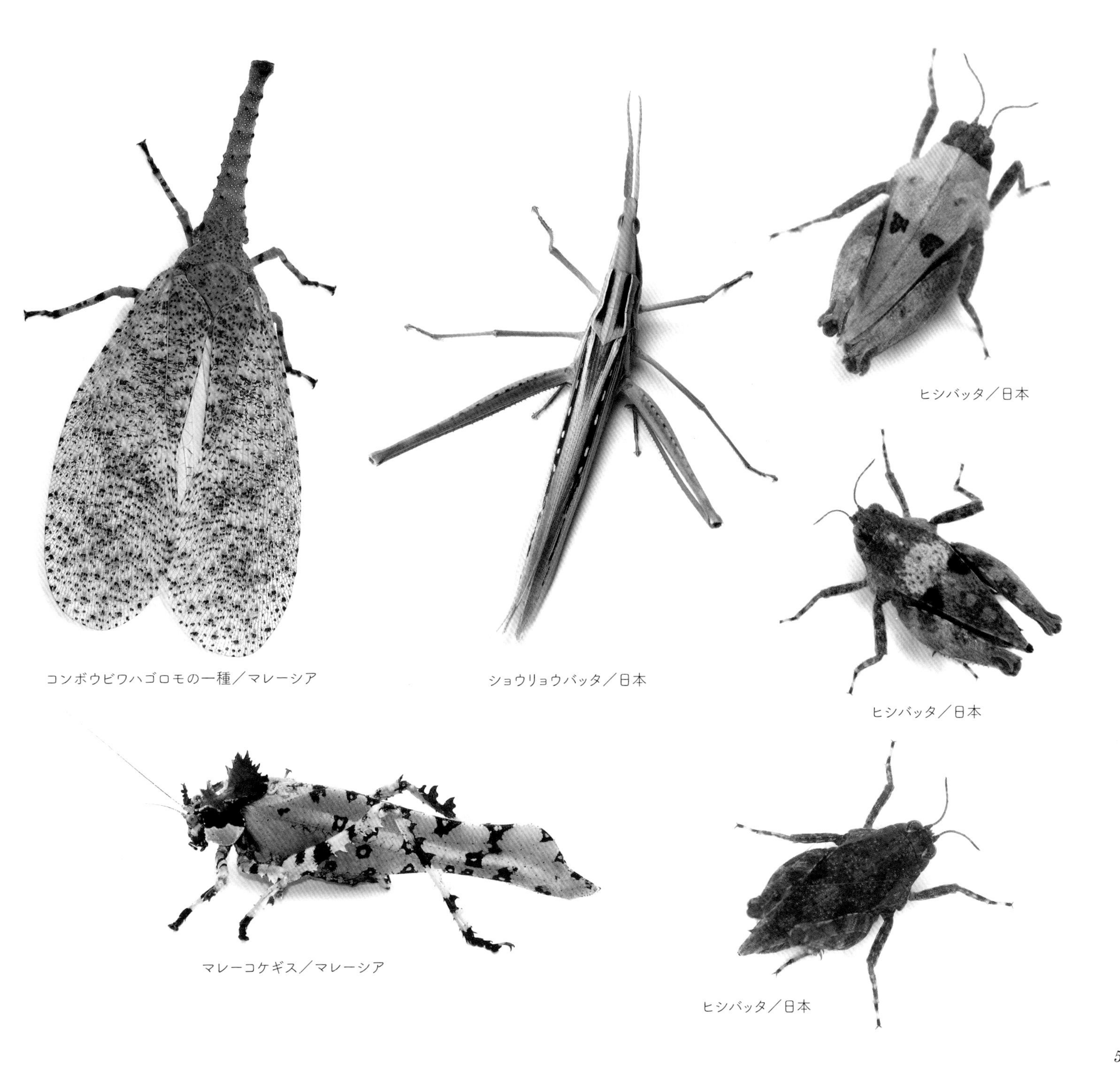

コンボウビワハゴロモの一種／マレーシア

ショウリョウバッタ／日本

ヒシバッタ／日本

ヒシバッタ／日本

ヒシバッタ／日本

マレーコケギス／マレーシア

葉の裏か、葉の上か？

これはウスタビガの幼虫です（→）。ヤママユというガの仲間ですから太った体型をしています。この虫は食物の葉の裏側で腹を上にしてとまります。背中側は薄い色で、腹側が濃い色をしています。上から光があたると均一の色になり立体感が失われて姿を消すことができるのです。太っちょの虫が目立たなくなるというわけです。

逆にアゲハの仲間の幼虫（↓）は、食物の葉や枝の表にとまる性質があります。背中側は濃い色をしていて、お腹側が薄い色をしています。光があたるとやはり葉の上であまりよく目立たなくなります。葉の裏にとまるヤママユの仲間も葉の表にとまるアゲハの仲間も、幼虫はそれぞれ、うまく光の当たり方と体色の配色を考えて葉の中に溶け込んで姿を隠しているのです。いずれの幼虫も天敵は鳥です。

ガ（蛾）はチョウ（蝶）と同じ鱗翅目に属し、卵、幼虫（イモムシ、ケムシ、シャクトリムシ等）、蛹（繭を作り蛹になる者もある）、成虫と変態（完全変態）して成長する。チョウは昼行性、ガは夜行性の者が多いが、ガは例外がある。

葉の上面にとまるクロアゲハの終齢幼虫／日本

腹面を上にして葉にとまるウスタビガの終齢幼虫／日本

隠れ場所を探す名人

ショウリョウバッタは細長い形をして草むらにひそんでいます。体型が葉にそっくりというわけでなくてもすごくかくれんぼが上手です。右ページの写真、どこに何が隠れているかわかりますか。なかなかわかりにくいですよね。右下の写真（↘）をヒントに探してください。

ショウリョウバッタモドキは、関西や関東・東北でも海岸に近いところにいます。下はススキにとまった状態です。どこまでが虫かわかりますか？　右の写真（→）をヒントにしてください。

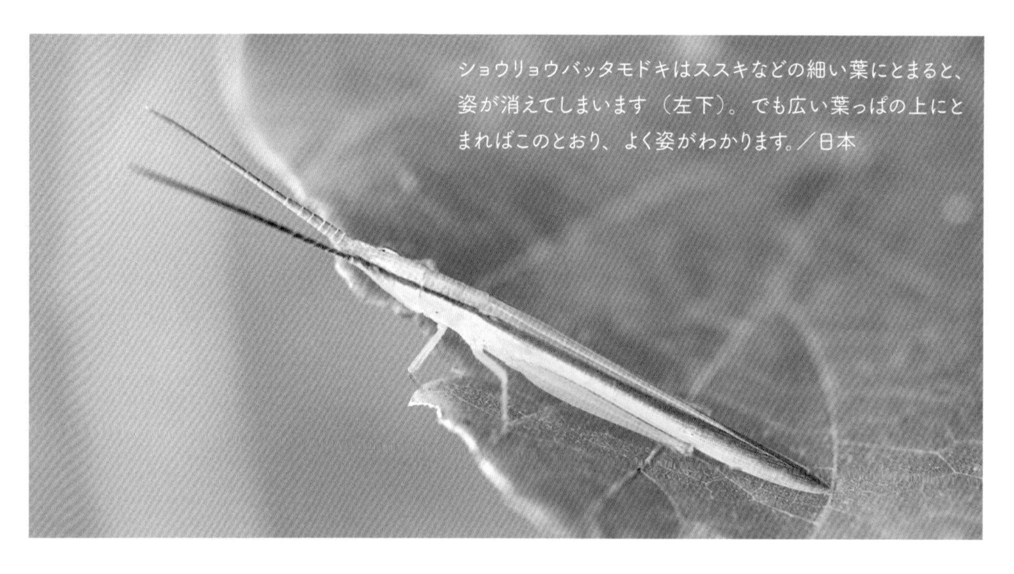

ショウリョウバッタモドキはススキなどの細い葉にとまると、姿が消えてしまいます（左下）。でも広い葉っぱの上にとまればこのとおり、よく姿がわかります。／日本

ショウリョウバッタモドキ／日本

ショウリョウバッタのメス／日本
右の写真にはこのバッタが隠れています。
とまる場所も隠れるためにはとても大切です。

草の上にとまるショウリョウバッタ／日本

同じ虫でも色が違う

日本にいるショウリョウバッタにはいろいろな色や模様の者がいます。緑に見える草むらにも枯れかけた葉があったり、太陽の光で影が出たりするので、右ページの写真のような茶と緑の混じったショウリョウバッタがいちばん見つかりにくいかもしれません。秋になれば茶色のショウリョウバッタ（→）が多くなりますが、緑色の者の色が変わったのではなく、緑色の者だけが鳥に食べられたりして数を減らしたのかもしれません。

ショウリョウバッタ／日本

ショウリョウバッタ／日本

ショウリョウバッタ／日本

ショウリョウバッタ／日本

輪郭を消して背景に溶け込む

　これは擬態のなかでもカムフラージュ（隠蔽）で有名なキノカワガです。夏にもいるんですけれど、親（成虫）で越冬します。これはクヌギの幹の表面で越冬しているところですが、木の表面にそっくりですね。

　右ページはベニシタバです。ベニシタバはこのように下向きにとまります。そうするとちょっと顔みたいにも見えますね。「うーん」と思いました。

　夜行性であるガは木の幹に溶け込む色や模様を持っている者が多いのです。

クヌギの樹皮にとまるキノカワガ／日本

アカマツの樹皮に逆さまにとまるベニシタバ／日本

大きな物の一部に化ける

ここにも虫がいます。木の幹にとまっている虫というのは、木の幹そのものに似ることはできません。それは、木の幹は虫より大きいからです。そのために模様を似せるんですね。ではどんな模様かというと、不規則な模様、自然界によくあるちょっと地味な茶色や灰色、薄い緑色をまばらに配色しています。木の幹にとまれば、その背景に溶け込んで美事なカムフラージュになります。

これはハゴロモの仲間です。ビワハゴロモの一種ですね。

ビワハゴロモの一種。頭を上にしてとまっている。／マレーシア

世界一美麗なチョウも擬態する

右の写真はレテノールモルフォの幼虫です。蝶好きにはとても人気のある、つまり世界でいちばん美しいとされているモルフォチョウです。枝にピタッとくっついていて枝と見分けがつきません。美事なカムフラージュです。

さきほど紹介したカレハガの幼虫（18頁）もこんな感じで隠れています。枝にぴったりはりつくことも隠れる方法です。

あのきれいなレテノールモルフォの幼虫はこんな気持ちの悪いというか、得体の知れない姿をしているんです。表面には細かな毛まで生えて輪郭を消しています。これにはびっくりしますね。

レテノールモルフォ／ペルー

レテノールモルフォの幼虫が3匹いる。／ペルー

木の質感まで擬態する

木にそっくりな色や模様をしていても、虫の体は立体的なので、とまった幹に影ができてしまえば目立ってしまいます。それを避けるために体をぴたりと木の幹に押し当てます。

キノハダキリギリスとかキノハダツユムシと呼ばれるキリギリスの仲間は、翅を広げて幹にとまります。前に紹介したヒラタツユムシ（22頁）と同じ方法です。

左はマレーシアにいるキノハダツユムシ（↙）、右と右ページはアフリカのカメルーンで見つけたキノハダツユムシです（↘）。うまく隠れていますね。ざらざらしている感じがよく出ています。でも実際の虫の表面はでこぼこしていません。模様でそう見えているんです。

熱帯雨林でコケや地衣類が木に生えていることが多いのですが、キノハダツユムシの翅も、コケが生えているように見える者もいます。どこまでが虫なのか、見分けられないほどみごとな擬態です。

キノハダツユムシの一種／マレーシア

キノハダツユムシの一種／カメルーン

コンゴキノハダツユムシ／コンゴ

キノハダツユムシの一種／マレーシア

アフリカキノハダツユムシの一種／カメルーン

キノハダツユムシの一種／カメルーン

ジャングルの忍者

これは、マレーシアで見つけたコケヒラタツユムシの仲間です。まだ１回しか見たことがありません。本当にコケが生えているように見えます。脚なんかも毛深くなっています。このコケのように見える部分は実際に翅なのですが、模様の陰影でこのように立体的に見えるのです。

右ページはマレーシアの苔の生えた木にとまっていたトビナナフシの仲間です。熱帯雨林地域では木の幹には苔が生えていることが多く、コケヒラタツユムシほど見事ではなくても、苔の生えた木にとまると、見つけにくい昆虫がたくさんいます。この木に行くと、いつもこのナナフシが数匹とまっていることが多かったです。

コケヒラタツユムシの動画

コケヒラタツユムシ／マレーシア

アンヌリペストビナナフシ／マレーシア

身を守る擬態、待ち伏せする擬態

コマダラウスバカゲロウの動画

　コケの生えた木の幹に溶け込む模様の虫は日本にもいます。ゴマケンモン（↓）は８月ぐらいに出てくるガです。下を向いてとまるという習性があります。

　すごくよく似た虫で、秋に出るケンモンミドリキリガ（↘）というのもいます。こちらは上を向いてとまります。ぼくにはどちら向きでとまった方が、より木の幹に溶け込めるかはわかりません。

　右ページはコマダラウスバカゲロウの幼虫が隠れています。探してみましょう。ウスバカゲロウの幼虫ですからアリジゴクの形です。でもコマダラウスバカゲロウの幼虫は巣を作らず、木の幹や岩にとまっています。親になるまで1年から2年ぐらいもかかるんですが、その間じっと獲物になる虫が来るのを待つのです。面白いのは、コケは初めから体についているのではなく、自分のまわりのコケをとって背中につけます。だから、いる場所にそっくりな色になるんですね。

頭を下にして木の幹にとまるゴマケンモン／日本

頭を上にして木の幹にとまるケンモンミドリキリガ／日本

餌となる虫を捕まえるため腕のように顎を広げたコマダラウスバカゲロウの幼虫／日本

コケになった虫

南米に行くと、雲霧林（うんむりん）にコケに紛れるカムフラージュンの上手なツユムシがたくさんいます。お尻までコケが生えたみたいです。枝の先に、枝の延長のようにとまっているんです。見た目はでこぼこしていますが実際はそうではありません。触角もすごいですね。コケが胞子を飛ばす胞子体のようです。顔を見るとこんななんです（↓）。ペルーで撮影したものですが、右はコスタリカで撮ったものです。別種かもしれませんが近い仲間です。

コケツユムシの一種／ペルー

コケツユムシの一種／コスタリカ

これはサルオガセギス（→）と呼んでいるのですが、実はサルオガセは現地には分布せず、よく似たチランジア（エアープランツ）を食べ、そこに隠れています。このような植物の中にこの虫がいたら、姿を見つけることは難しいでしょう。私が若い頃、コスタリカで活躍されていたフォグデンさんという擬態の写真で有名な写真家を訪ねていって、彼の家の庭で初めてこの虫の写真を撮らせてもらいました。なつかしい思い出ですね。

サルオガセギス／エクアドル

これはマレーシアのオオカレエダカマキリです。
まるでコケの生えたような姿ですね。

マレーシアで見つけた
コケの生えたように見える
マレーコケギスです。

地面や砂に溶け込む

さてこの写真の中に何が隠れているかわかるでしょうか（→）。写真を見てもよくわからないぐらい砂地に溶け込んでいます。ここにはニセハネナガヒシバッタが隠れています。

下は海岸の砂浜にいるヤマトマダラバッタの幼虫です。木の幹に隠れる虫と同じように色と模様のパターンを砂地に似せているのです。右ページはオーストラリアの乾燥地帯で見つけたバッタです。

ニセハネナガヒシバッタの動画

ヤマトマダラバッタの若虫／日本

ニセハネナガヒシバッタ／日本

石に似たバッタの一種の若虫
／オーストラリア

鳥の糞のふりをする

右ページは、鳥の糞の近くにとまっているクロオビシロフタオというガです。このガは日本に結構たくさんいます。鳥はガにとって大敵です。その糞（写真の右側）に姿を似せるというのは、これまた考えたものです。糞にはしっかりした形はありませんから。やはり白と黒の混じったパターンを真似ているのでしょう。

他の虫も少しは鳥の糞ににていますね。

ホソアナアナアキゾウムシ／日本

オナガアゲハの4齢幼虫／日本

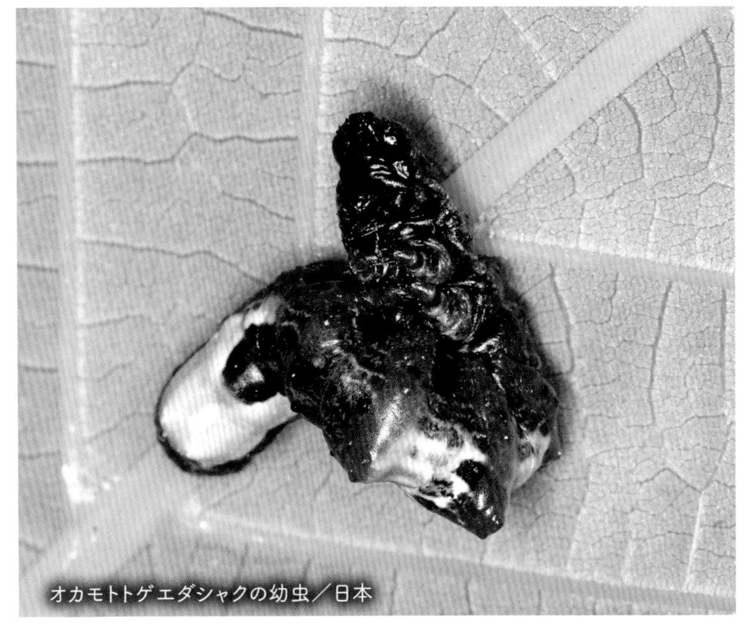

オカモトトゲエダシャクの幼虫／日本

クロオビシロフタオ（左）／日本

3 強いヤツの真似をする ハチでない者を探せ

ハチは毒針を持ち、黄色と黒の縞模様の体の色で自ら「危険」だと宣伝しています。虫の天敵である鳥はこの模様を恐れているようです。

このように毒を持っていたり、硬い体をしていて食べにくかったりする虫がいます。ところが、このような「宣伝」を毒をもたない虫が上手に利用して身を守っていることがあります。擬態のなかでも特に興味深い現象のひとつでベイツ型擬態と呼ばれています。

カマキリモドキの一種／マレーシア

クロマルハナバチ／日本
オスなので毒針はないがオオマルハナバチのメス（働きバチ）にそっくり。

キアシナガバチ★／日本

オオカバフスジドロバチ★／日本

ホソヒラタアブ／日本

シロスジベッコウハナアブ／日本

★が実際に刺すハチ（メス）。それ以外の昆虫は擬態をしているものと考えられる。

怖いハチになる

多くのハチは刺すので、小型の捕食者にとっては脅威です。皆さんもハチには近づかないと思います。その強いハチに擬態する虫がたくさんいます。

右はぼくがもっとも驚いた南米で見つけたガです。ハチモドキガなんて呼んでいますが、注意深く触角を見れば櫛(くし)状でガであることがわかります。ハチは棍棒状ですからね。でも翅のつくりがすごいですね。まるでハチみたいでしょう。

アブは、ハエの仲間なんですが、ハチによく似る者が多いです。

ハチモドキガ／ペルー

アカウシアブは動物の血を吸うアブですから嫌われ者ですが、周りをぶんぶん飛ばれると、スズメバチだとぼくでも間違えることがあります。／日本

ヨコジマナガハナアブはスズメバチに似た模様をしています。アブなので胴体が太いはずなのですが、ハチのように腰の部分を細くして真似ています。ここまでやるかっていうほど、すごいですね。／日本

これはアフリカのカメルーンで見つけたガの一種です。ハチそっくりですね。このようなハチに擬態したガは世界中で見ることができます。

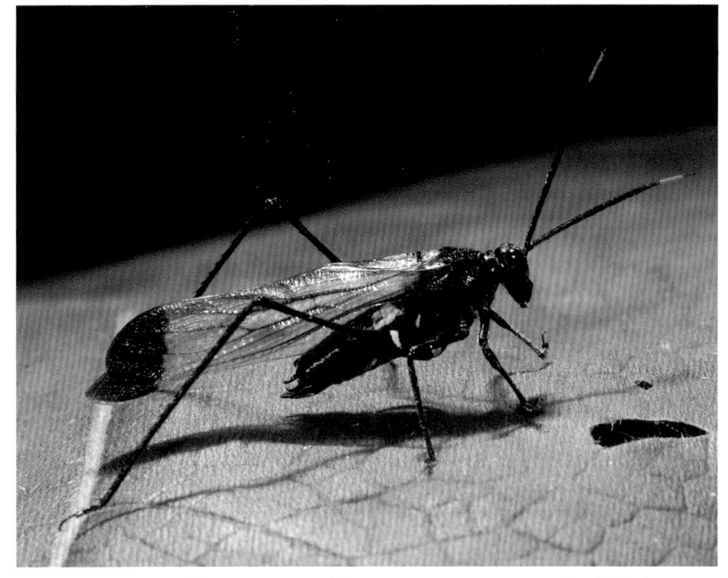

これはエクアドルで見つけたハチに似たハチモドキツユムシです。触角をハチのように動かして、実物はよりハチに似ています。

このガは南米のカノコガの一種です。脚先を黄色くして、触角の先を白くするなんてことをしています。ハチに似るコツのようなものですね。／コスタリカ

ハナアブはハチに似た者が多いですが、腰はくびれていません。このハチモドキハナアブはウエストがくびれています。これって結構大変なことなのだと思います。／日本

縞模様はハチの印

トラフヤママユの動画

ハチ、特にスズメバチやアシナガバチの仲間は、ハチの中でも大型で、群れをつくり、強力な毒針を持っています。それぞれ縞模様、それもオレンジと黒という目立つ色で「私は怖いぞ」と警告しているんですね。これを警戒色と言います。強い者同士が協力して「宣伝」するのも一種の擬態で、これはミュラー型擬態とよばれます。そして無毒の虫が、このオレンジの縞模様（ハチ模様）を身につけ身を守る擬態も多いんです。こちらはベイツ型擬態とよばれています。

触ると、目立つハチのような模様を見せつける虫もいます。左の写真を見てください。なんということのないヤママユガの一種です。ところがこれに触ると右の写真のような姿になります。ぼくはトラフヤママユと呼んでいるのですが、普段は地味な姿なのですが、驚かすと怖いハチの姿を見せつけて相手をひるませるんですね。南米で見つけました。／ホンジュラス

これはがですね。セスジスカシバが飛んでいるところです。これも飛んでいる姿はまるでハチのようです。スカシバは昼間活動するがです。鳥の目にも怖いスズメバチの姿に見えるのでしょう。／日本

これは原始的なハチの仲間でヒラアシキバチの一種です。キバチは毒針を持っていません。つまり刺さないハチです。けれど他のキバチの仲間と違って、この種はスズメバチそっくりさんです。／日本

触ると翅を広げて縞模様を見せつけるトラフヤママユの一種／ホンジュラス

赤いホタルは毒をもつ

擬態には、いくつかの型があります。毒を持つ虫がいると、無毒の虫が有毒な虫を真似る擬態があります。これは19世紀にイギリスの博物学者ベイツが提唱したのでベイツ型擬態と呼んでいます。

さらには毒のある者同士、たとえばハチのようによく姿を似せる虫がいます。これはドイツのミュラーという博物学者が提唱したのでミュラー型擬態と呼ばれています。ミュラー型擬態は、似た模様をした有毒の種がたくさんいれば、鳥などの捕食者が学習する機会が高いのだと説明します。種を越えて協力しあっているというわけです。

ベニボタルの仲間は、日本にもいる有毒な甲虫です。ベニボタルはかなり強いリシジンという毒成分を体に持っています。そして赤い体色で有毒だと宣伝してるのです。そしてこの赤いベニボタルに擬態した虫は世界中にたくさんいます。それが甲虫だけでないのも面白いです。

有毒のカクムネベニボタル。擬態のモデル／日本

無毒のニホンベニコメツキ。ベニボタルの擬態者／日本

ベニボタルの一種（有毒）／カメルーン

コメツキムシの一種（無毒）／カメルーン

ムニスゼッチイベニボタルモドキカミキリ（無毒）／カメルーン

上の３枚はアフリカのカメルーンで出会った甲虫です。
下の３枚はマレーシアの貯木場に積んであった同じ木材にいたよく似た甲虫です。

ベニボタルの一種（有毒）／マレーシア

コメツキムシの一種（無毒）／マレーシア

ルンディーベニカミキリ（無毒）／マレーシア

擬態して擬態される

ベニボタルはよほど強い毒を持っているのでしょうか？　さまざまな無毒の虫に擬態（ベイツ型擬態）されながら、同じベニボタルの種同士でも擬態（ミュラー型擬態）しています。

南米や中米のベニボタルは、色はそれほど派手ではありませんが、とても種類が多く、甲虫だけでなく、ガの仲間などにもそっくりさんがたくさんいます。

このページは上段がベイツ型擬態で、下段がミュラー型擬態の例です。ミュラー型の右はムナキキベリボタルです。ニューギニアのニューアイルランド島のホタルが集まる木に一緒にいたものです。ホタルも実は毒を持っているんですね。

ベイツ型擬態の例

有毒のベニボタルの一種。擬態のモデル／ペルー

無毒のコケガの一種。擬態のモデル／エクアドル

ミュラー型擬態の例

有毒のベニボタルの一種。擬態の協力者／ニューギニア

有毒のムナキキベリボタル。擬態の協力者／ニューギニア

上列は南米で出会った3種のベニボタルの仲間。それぞれ有毒でミュラー型擬態です。下列3枚は南米の無毒の虫です。
左からベニボタルモドキガ、ベニボタルモドキトゲハムシ、ベニボタルモドキカミキリです。つまりベイツ型擬態ということですね。

美しいチョウには毒がある

カバシタアゲハの動画

チョウの仲間で毒があるのはマダラチョウの仲間とジャコウアゲハの仲間です。幼虫時代に食べた植物の毒を体に蓄えているのです。触ってももどうということはありませんが、食べたら人間でもちょっと気持ち悪くなるとか吐き気がするかもしれません。毒のあるチョウがいれば、必ずと言ってもよいほど、そっくりな無毒のチョウがいます。それは姿かたちだけでなく、飛び方までそっくりなので驚いてしまいます。

このページでは沖縄にいる有毒のカバマダラと無毒のメスアカムラサキのメスの例、やはり沖縄にいる有毒のベニモンアゲハと無毒のシロオビアゲハの例を紹介します。これらはベイツ型擬態ですね。

チョウの場合メスだけが擬態している場合が多く、メスが種の生き残りのためにオスよりも重要だからと考えられます。次のページは左側の列が毒チョウ、右列が「そっくりさん」です。

有毒のカバマダラ。擬態のモデル／沖縄

無毒のメスアカムラサキのメス。擬態者／沖縄

有毒のベニモンアゲハ。擬態のモデル／沖縄

無毒のシロオビアゲハ。擬態者／沖縄

有毒のツマムラサキマダラのメス。擬態のモデル／沖縄

無毒のダルリサマダラジャノメ。擬態者／タイ

有毒のメラネウスアサギマダラ。擬態のモデル／タイ

無毒のカバシタアゲハ。擬態者／タイ

有毒のウスキヒメアサギマダラ。擬態のモデル／マレーシア

無毒のアサギシロチョウのメス。擬態者／マレーシア

その名もマネシアゲハ

マネシアゲハというチョウの仲間がいます。擬態が上手だという意味で、そのマネシ具合はまったくみごとです。

ムラサキマネシアゲハ（↓）は、毒をもつツマムラサキマダラのオス（→）にそっくりです。飛んでいればもう見分けがつきません。そして驚くことに、いろいろな型（タイプ）のムラサキマネシアゲハがいるんですね。右ページは白い紋のある型です。これは珍しいですね。ラオスで数回、マレーシアでは１回見ただけです。やっと最近撮影することができました。これは有毒のマダラチョウでもシロモンルリマダラに擬態しています（↘）。

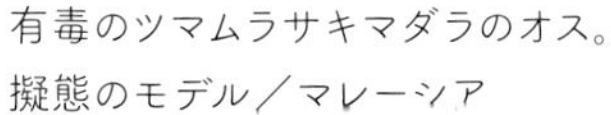
有毒のツマムラサキマダラのオス。
擬態のモデル／マレーシア

無毒のムラサキマネシアゲハ。擬態者／ラオス

無毒のムラサキマネシアゲハ。擬態者／マレーシア

有毒のシロモンルリマダラ。
擬態者のモデル／マレーシア

これらの無毒の同じマネシアゲハが、よくぞここまで、いろいろな種の有毒のマダラチョウに似せるかというほど見事な擬態です。これは本当に不思議なことですね。まあ進化の過程で生き残って、どんどん似ていくというのが理屈なのですが、実際に実物を目にすると本当にびっくりします。

アリに化けるカマキリ

　これはマレーシアで見つけたアリにそっくりなカマキリです（→↓）。アリカマキリなどと呼んでいますが、アリに擬態しているのは幼虫の小さな頃だけで、成虫になると緑色のカマキリになります。カマキリというと卵（卵鞘）から孵化した幼虫がうじゃっといる写真などを見たことがあるかと思いますが、あれはすぐに別々に分散してしまうんですね。ところがこのアリカマキリの幼虫は、４日か５日はいっしょに群れているみたいです。群れでいるほうがアリのように見えるからでしょうか。

　ぼくもびっくりして葉の上にアリがいっぱいいるぞ、と思って近づいたらカマキリの幼虫だったんです。

　成虫になればカマキリも強い虫ですが幼虫の頃はひ弱です。いっぽうアリは小さいですが集団生活をし、蟻酸という毒を持ち、強いアゴもあるので、小さいけれどけっこう強い虫なんです。

①アリカマキリの1齢幼虫／マレーシア

②アリカマキリの2齢幼虫／マレーシア

③アリカマキリの終齢幼虫／マレーシア

④アリカマキリの成虫／マレーシア

アリカマキリの1齢幼虫の群れ／マレーシア

アリのふりをする

アリはどうやら自然界では嫌われ者のようです。実はぼくも、アリは見るのは好きですが、あまり触りたくない虫です。蟻酸をかけられたり、咬まれたりします。多くの鳥やトカゲにとっては、あまりありがたい存在ではないようです。

それで、アリに似た昆虫が現れてくるのです。右の虫は何の仲間かというとツユムシの仲間の幼虫です。アリギリスと呼んでいますが、本物のアリと較べると触角は長いですし、後脚も長いです（→）。

下の虫もアリに見えますがホソヘリカメムシの幼虫です（↓）。ハワイでは赤いアリ似のカメムシを見つけました（↘）。

アリギリスの幼虫／マレーシア

ホソヘリカメムシの幼虫／日本

ヘリカメムシの一種の幼虫／アメリカ（ハワイ）

このアリみたいなやつはクモです。昆虫ではありませんがアリに擬態しています。アリグモですね。

しかもよく見てください。クモの体は頭胸部（とうきょうぶ）と腹部の２節からなっていて、いわゆるお腹が太いのですが、脚の付け根のところに白い帯が入っていて、細く見えるようになっています。

これ、みなさんも服を着るときに、スマートに見せようと思ったら黒っぽい地の服にしてウエストの部分を白っぽくすれば細身に見えるようになりますよ。虫から学びましょう。

ガガンボを捕らえたアリグモの一種／日本

堅くて食べられない虫に似る

堅くて食べることができないという虫がいます。そのような虫が擬態のお手本になっていることがあります。「自分は堅くて食べられないぞ」、ということを天敵に広告するわけです。ミンダナオ島で撮影したカタゾウムシの仲間です（↓）。この虫はとても堅い外骨格を身にまとっています。

それで同じところにいたのがカタゾウモドキカミキリです（↘）。まあ、なんとよく似ていることか。堅かったら鳥が食べられない。それを真似してやろう、そんなことがよくまあできるものですね。たまたま、そういうヤツが生き残ったと考えるのが進化論的見方でしょうが、じつに不思議です。クモまでカタゾウムシに似ている者がいるんです（↓）。

堅い体をもつカタゾウムシの一種。擬態者のモデル／ミンダナオ島

カタゾウモドキカミキリ。擬態者／ミンダナオ島

ハエトリグモの一種。擬態者。体は軟らかい。クモなので脚が8本ある。／ミンダナオ島

4 驚かせてチャンスをつかめ　突然、顔が出る

　何もいないと思っていたら、急に目玉模様が飛び出す。これは敵を驚かす方法です。

　枯れ枝だと思っていたら急に派手な色の模様が現れる。木の幹や森床などで身を隠していた虫が、ぎりぎりになって追い詰められると急に派手な模様を現して、鳥などの天敵を驚かせることがあります。一種のフラッシュ効果ですが、視覚にたよっている鳥にはずいぶん効果があるようです。樹皮や枯れ葉などに擬態して、じっと身を隠している虫の、身を守るための最終的な手段なのでしょう。

　また派手な模様をして、たくさんの数で群れると、一匹ずつの輪郭が消えて大きな塊になり、身を守ることができます。目立つことで身を守る方法もあるのです。

ハラアカハゴロモ／マレーシア

ユカタンビワハゴロモ／ペルー

ウスベニハゴロモ／ペルー

ジンメンカメムシ／マレーシア

ヨツモンヒラタツユムシ／マレーシア

突然、目玉が出る

地球上の生き物には基本的に目玉が2個あるわけです。目玉は動物がそこにいるという証でもあります。哺乳類とか鳥類で大きい目玉を持ってるやつは、だいたい体も大きいですね。だから大きい目玉模様を見せると、例えばスズメくらいの小さな鳥だと大きな目玉模様は、つつくのを躊躇させることがあるようですね。

日本のヤママユガは翅に目玉模様がありますが、基本的にその模様は見せっぱなしにしています（↗）。同じ仲間のヒメヤママユ（右頁）やクスサン（↓）は後翅に目玉模様をつけていて、普段とまってるときは前翅で隠しています。そして触ったり驚いたりすると前翅を半開きにして後翅の目玉模様を誇示して振るわせます。

また、朝は気温が低いので、ヒメヤママユやクスサンは飛び立つまえに翅をぶるぶる振るわせて体温を上げます。このときにも、この目玉模様が目立ちます。日本のこのような目玉模様をもつガの場合、模様を隠しておいてあまり明確に見せつけることはしません。クスサンやヒメヤママユのように目玉模様を急に出して相手を驚かせるのは、珍しい存在です。

とまっているヤママユ／日本

前翅を閉じてとまっているクスサン／日本

驚くと前翅を広げ後翅の目玉模様を見せるクスサン／日本

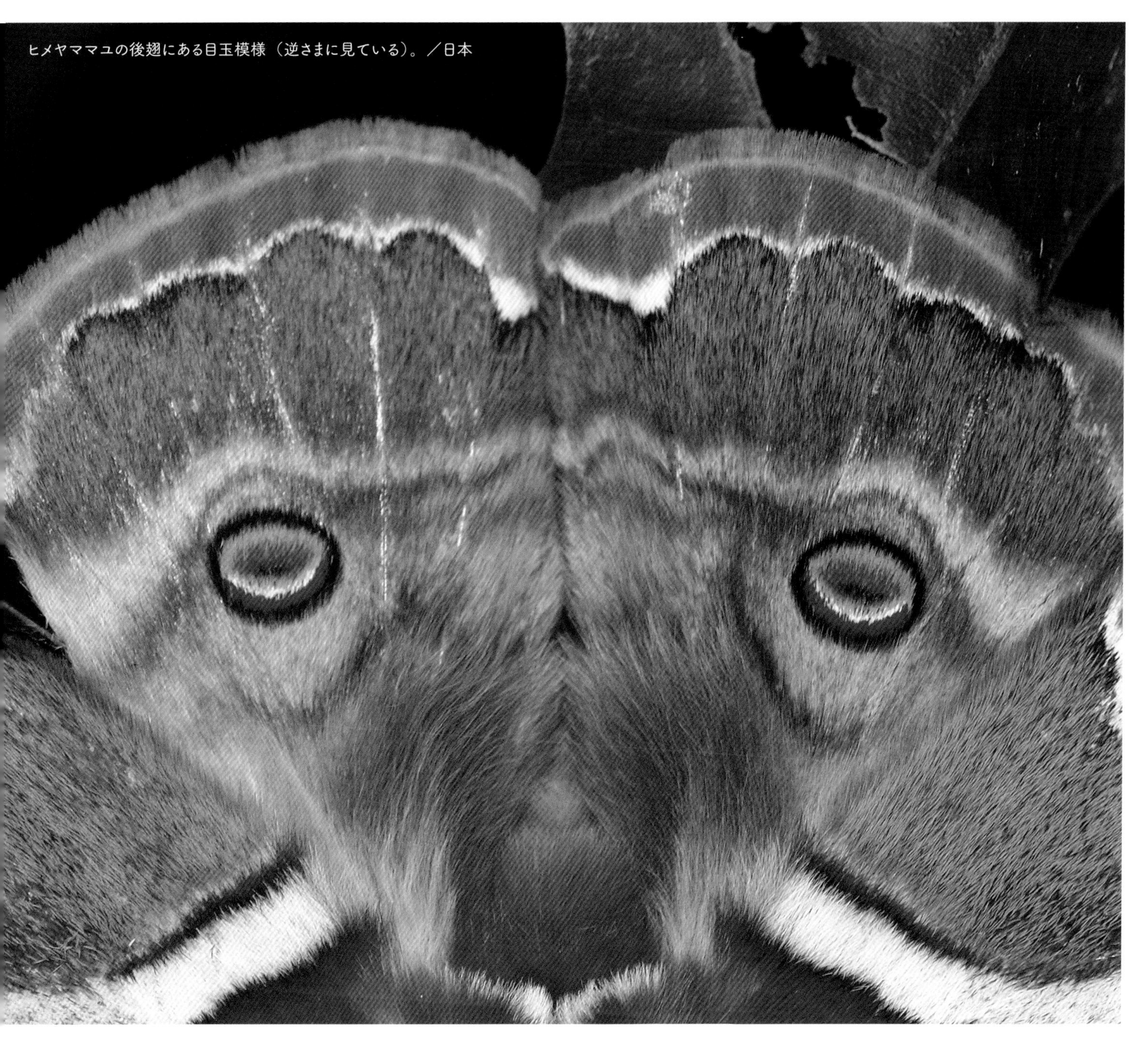

ヒメヤママユの後翅にある目玉模様（逆さまに見ている）。／日本

熱帯には強い目力の目玉模様

中南米やアフリカに行くと、日本より大きく目立つ目玉模様を持つヤママユガの仲間がたくさんいます。

熱帯では捕食圧が温帯より強いので、擬態が上手な昆虫が多いのと同じように、目玉模様で脅かすガの仲間も、日本より大きくて目立つ目玉模様を持っているのです。下は中米のメダマヤママユの仲間です。右ページはマダガスカルにいるクスサンの仲間ですが、これはすごいですね。こんな派手な模様の目玉模様をしていたら、さぞ相手も驚くでしょう。

フクロウメダマヤママユ／コロンビア

マダガスカルメダマクスサン／マダガスカル

目玉模様もいろいろ

これは中南米にいる目玉模様の大きなヤママユガの仲間ですべて中南米に住んでいます。その名もメダマヤママユというガの仲間です。

目玉模様といっても、いろいろな模様があります。面白いのは、触ると急に前翅を広げて後翅の目玉模様を出すことです。そのときにお腹の目立つ縞模様を見せる者もいます。ハチみたいに見えるのでしょうか。フクロウに似せているのでしょうか。

以前に日本で鳥よけのために目玉風船が流行しました。しかし、すぐに廃れてしまったようですね。なぜかというと、たとえばカラスなどは頭が良いので、すぐにその仕掛けを覚えてしまうんですね。

とっかえひっかえ、いろいろな目玉風船を出したり、引っ込めたりしていれば、まだ効果はあるんだと思います。でも置きっぱなしにしていては効果は出ません。鳥が来て、たとえば突っつくと大きな目玉が飛び出すような装置を田んぼに置いて目玉が出るようにすれば効果が出るでしょう。赤外線を感知するセンサーをつけておけばより効果的な装置ができるはずです。

メダマヤママユの動画 

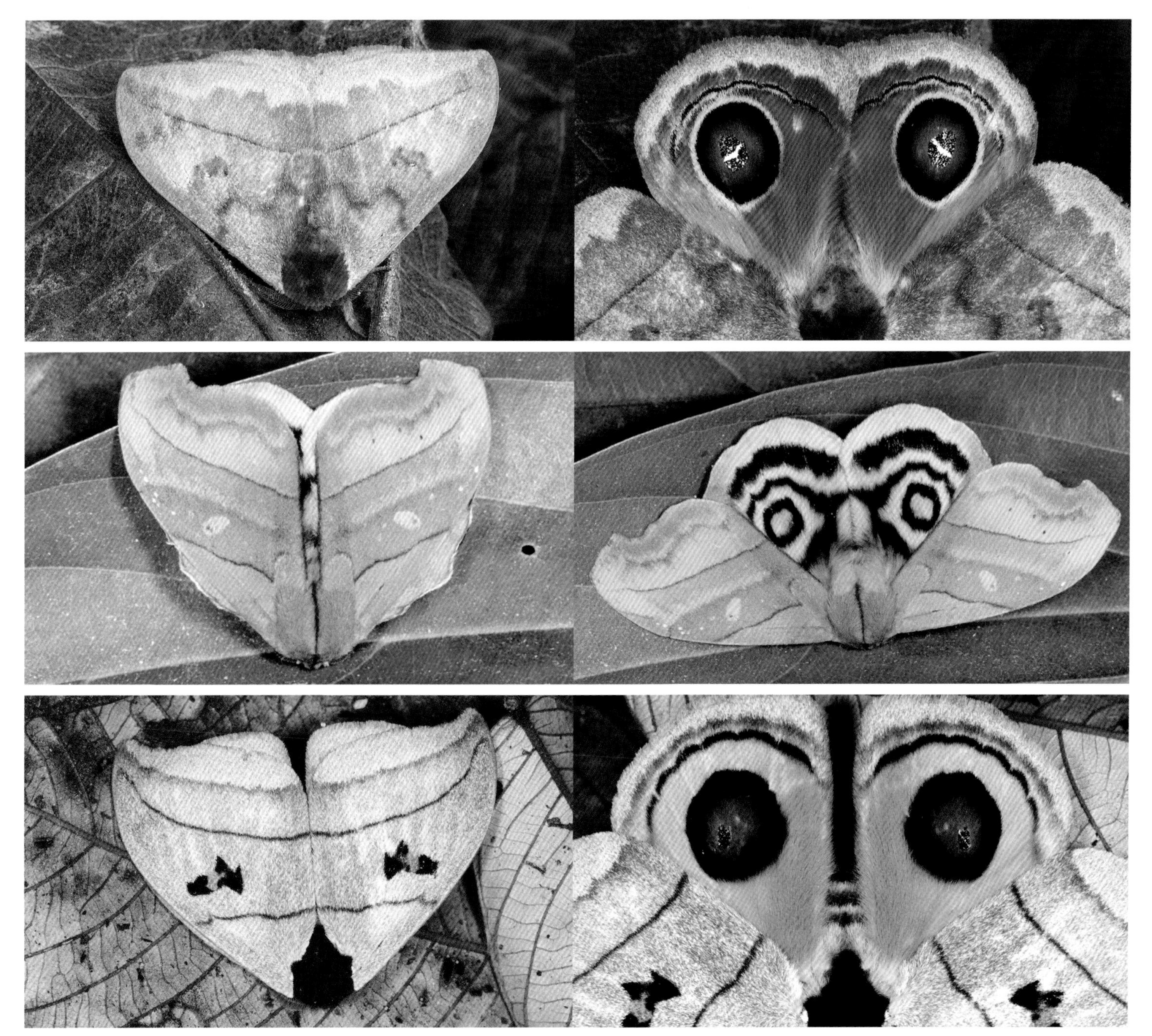

目玉模様を出させる

普段隠れて見えない場所に目玉模様を持つ昆虫は、触ると目玉模様を見せるのが普通です。だから、ぼくはいろいろな虫に触って、反応をいつも確かめています。メダマヤママユなどは触られると翅を開いて、そのまま死んだように動かなくなります。

それではユカタンビワハゴロモはどうでしょうか。大型のビワハゴロモの仲間は後翅に派手な色や模様を持つ者が多くいますが、普通はちょっと触るとピョーンと跳ねて逃げていくものなんですね。

そこで木にとまっているこの虫に触ってみました。うまくいって、触ると翅を広げて後翅にある目玉模様を見せました。しかも翅を開いたまま体を揺すって、目玉模様を目立たせていました。面白いので何度もやっていたら、とうとうピョーンと跳ねて逃げていきました。

翅を閉じているユカタンビワハゴロモ／ペルー

ユカタンビワハゴロモの動画

翅を開いたユカタンビワハゴロモ／ペルー

ヘビに化ける

ヘビは小鳥の天敵です。虫がヘビみたいに見えたら、小鳥は手出しをしないでしょう。これはツマベニチョウの幼虫です（↓）。これを驚かすと胸の部分を膨らませて体をヘビのように見せます。

エドワードサン（→）は、翅を広げると25センチもある大きなガですが翅の先がヘビのような模様になっています。夜から朝にかけて、あるいは夕方もそうですが、飛び立つ前に翅を振るわせて筋肉の温度を高めます。そうするとこのヘビの模様が揺れてなかなか不気味なんです。

威嚇するツマベニチョウの幼虫の頭部／日本（沖縄）

エドワードサンの前翅の先端／マレーシア

気持ちが悪い？

虫には触ってみることは大切です。毒を持っていたり、咬みついてきたりする虫は限られていますから、そういう種類を覚えておいて、そうでない虫は全部触ってみるんです。

特に擬態をしていたり、葉っぱに化けている虫に触るとどうなるのか、それを確かめてみるというのがぼくの手法なんです。

これは35年前にブラジルで見つけた虫です（↓）。気持ち悪いですね。びっくりしました。明かりに飛んできて古いホテルの玄関の壁にとまっていました。コケにそっくりだったのでトビナナフシの仲間だと思って、ちょっとつかもうとしたら翅を広げました。気持ちの悪い、お尻の先を膨らませて、そこの部分が龍というか、人の顔のようにも見えます。

ジンメントビナナフシ／ブラジル

マルカメムシの一種／マダガスカル

サシガメの一種／ベトナム

このベトナムで見つけたサシガメも気持ち悪いですね（↑）。ぼくにはとても気持ち悪いです。このでこぼこが、驚かすというのと同じに気持ち悪がせるというのも防御の一種なのかもしれません。

虫がいっぱい集まっているのも気持ち悪いですね（←）。まあ虫が好きな人なら気持ち悪くないかもしれませんが、ぼくは虫好きですが気持ち悪いと思います。

これも本当に見るだけでも嫌だったんです。これはマルカメムシの一種です。カメムシの仲間はよく群れています。

人面に見える？

これは日本にも石垣島などで時々発生するシジミチョウの蛹です（↓）。写真自体は外国で撮ったものですが、シロモンクロシジミというチョウの蛹です。髑髏（どくろ）のように見えますね。以前、阪口浩平さんが『世界の昆虫』という本で、大昔にヨーロッパの本に描かれたイラストをモノクロページで紹介していて、一度見てみたいとずっと思っていた虫です。何年か前にベトナムで見ることができました。子供の頃や若い頃に本で見て驚くという体験が、ぼくが今でも昆虫の色彩や模様に興味を持ち続けることができている原点です。

シロモンクロシジミの蛹／ベトナム

ジンメンドクガ／コンゴ

これも気持ち悪いです。これは本当に毒を持つドクガの仲間です。このトゲの部分が刺毛（しもう）といって肌につくとかぶれます。模様も人の顔のようで不気味ですね。

毒のある虫は派手な色や模様をしている者も多いので、気持ちが悪いと思う虫には毒がある者もいるのです。

人面に見える？？

ウシロムキアルキの動画

これはアジアに広く分布していて、日本にときどき飛んでくるドクロメンガタスズメという大きなガです（→）。胸に髑髏（どくろ）みたいな模様があります。触ると翅を半開きにして黄色い模様のある腹部を見せ、キイーキーと音を立て不気味です。

下の写真は脅すために顔みたいな模様をつけているわけではありません。頭がある方向をお尻の方だと勘違いさせる擬態です。ハシブトウンカの仲間でウシロムキアルキと呼んでいる虫です（↓）。大きさは1センチほどしかなく、目玉模様が可愛らしく思います。跳ねる力が強く、見つけても不用意に触るとぴょんと跳ねて姿を消します。触角と目みたいに見えるのは実は尻の部分で、後ろ向きに歩きます。捕食者は頭がある方に逃げると思うと、反対方向にぴょんと跳ねて姿を消すのです。

ウシロムキアルキ／タイ

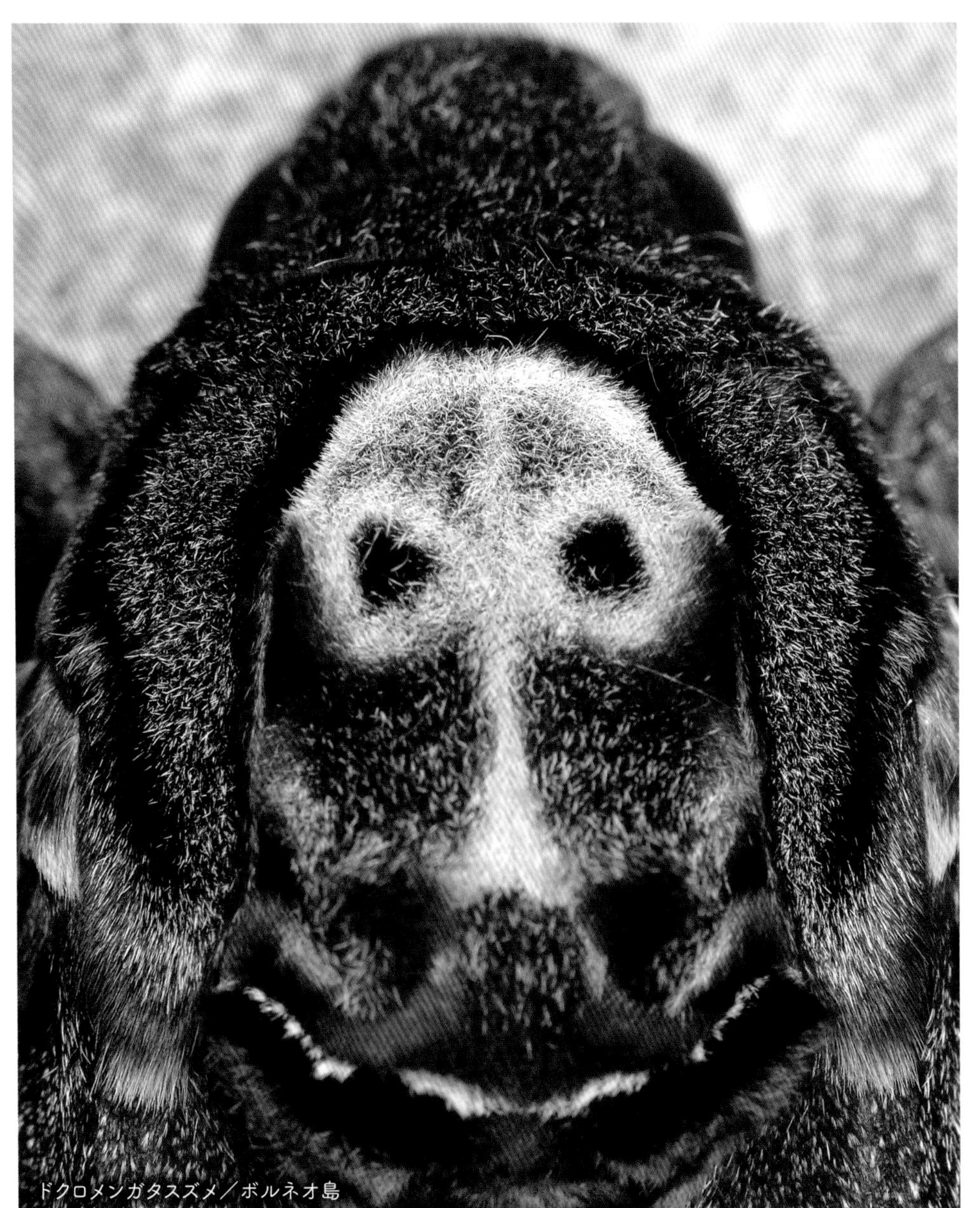

ドクロメンガタスズメ／ボルネオ島

ジンメンカメムシ／マレーシア

これはジンメンカメムシです。どちらかというと剽軽(ひょうきん)な模様ですが、鳥からすると怖いかもしれません。

熱帯アジアに住んでいるジンメンカメムシは、お相撲さんの顔のように見える模様を持ったカメムシです。沖縄などからも記録がありますが、人の顔の模様ははっきりしていません。ということは、ジンメンカメムシの模様は、だんだん人の顔に似てきたのかもしれません。

目玉模様は、フクロウやタカの目に似せた模様を持つことで、小鳥という天敵から身を守っているのだと言われています。それならばジンメンカメムシは人の顔に似せた模様を持つことで敵から身を守っているのだと考えても良いのかもしれません。

死んだふり？ おわりにかえて

究極の身の守り方は死に真似でしょうか。虫はよく死んだふりをします。見つけて採ろうと手を伸ばすと、ポロッと「あーっ落っこっちゃった」。せっかく良い虫だったのにと残念な思いをすることがよくあるんです。下が草むらだったりすると、もう見つけることはできません。

死んだふりというか、触ると脚を縮めて動かなくなる虫がいることは昔から知っていました。甲虫のゾウムシの仲間はこの行動が著しく、これを利用して枝を叩いて網で捕まえます（叩き網）。

大きなオオゾウムシなどは、一度死んだふり状態になると何時間もおきません。死んだと思っていたら、次の日にいなくなっていたなんてこともあります。

実は虫は死んだふりをするのではなく、刺激で筋肉が硬直して動けなくなるだけなのでしょう。でも、それが小さな昆虫にとって、敵から逃れる方法になっているのには違いありません。

コフキゾウムシ／日本

オオセイボウ／日本

ゴマフカミキリ／日本

オジロアシナガゾウムシ／日本

トガリコノハツユムシ／ペルー

ヨツボシゴミムシダマシ／日本

ノコギリクワガタ／日本

マレーイッカクカマキリ／マレーシア

最初に死んだふりに強く興味を持ったのは、マレーシアで動画を撮っていたときでした。マレーイッカクカマキリを怒らせようと手を出したら、触ってもいないのに、下に落ちて動かなくなりました。

そのカマキリが起き上がるところを撮影しようと、ビデオを回しっぱなしにしました。当時は録画はテープなので、短時間しか持ちません。30分ほどまったく動かずに、テープが無くなりかけた頃に、大きなアリがやってきて、カマキリを引っ張っていこうとしたのですがアリがカマキリに触った瞬間、カマキリは大慌てで逃げていきました。

もう一つの経験は、ジャングルの中で、葉の上にいる大型のナナフシを捕まえようと手を伸ばしたら、この時も触る前に地面に落ちました。その時に、脚が1本取れて、地面でピクピク動いていました。虫自体はまったく動きません。捕食者は動いている脚に気をとられ、ナナフシのことは忘れてしまうのではないでしょうか。

不思議というか当然のことのようにも思えるのですが、カムフラージュの上手い昆虫が、特に死んだふりをよくすることです。また前に紹介したメダマヤママユが目玉模様を見せたり、トラフヤママユが、お腹の縞々模様を見せて動かなくなるのも死に真似行動の一つです。

索引（和名学名対照）

●さ

●た

●な

●は

海野和男（うんのかずお）

1947年東京生まれ。東京農工大学卒。昆虫写真家。著書『昆虫の擬態』(平凡社)は日本写真協会年度賞受賞。ほかに『蝶の飛ぶ風景』(平凡社)『世界のカマキリ観察図鑑』『世界でいちばん変な虫 珍虫奇虫図鑑』『増補新版 世界で最も美しい蝶は何か』『蝶が来る庭』（いずれも草思社）『虫は人の鏡　擬態の解剖学』（養老孟司と共著、毎日新聞出版）など。日本自然科学写真協会会長、日本動物行動学会会員など。2021年度日本動物行動学会日高賞受賞。海野和男写真事務所主宰。公式ウェブサイトに「小諸日記」。

http://www.goo.ne.jp/green/life/unno/diary

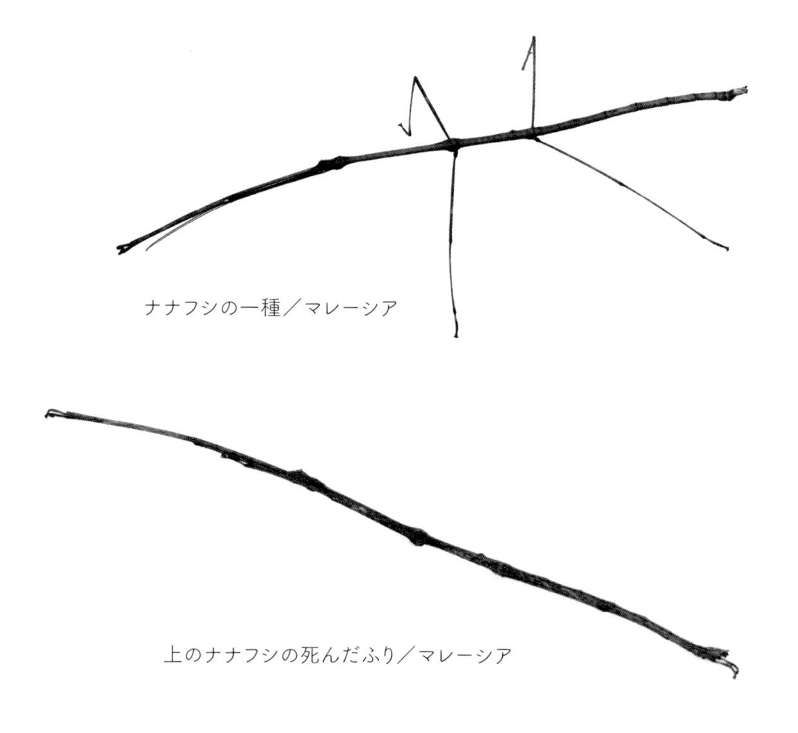

ナナフシの一種／マレーシア

上のナナフシの死んだふり／マレーシア

ダマして生きのびる
虫の擬態

2022年6月6日　第1刷発行

著者　海野和男
編集　伊地知英信
装幀　西山克之（ニシ工芸株式会社）
発行者　藤田　博
発行所　株式会社　草思社
http://www.soshisha.com/
〒160-0022
東京都新宿区新宿1－10－1
電話 営業部03（4580）7676
編集部03（4580）7680
印刷所　日経印刷株式会社
製本所　加藤製本株式会社

ISBN978-4-7942-2580-1 Printed in Japan 検印省略